养殖致富攻略·疑难问题精解

目标养驴关键技术160问

MUBIAO YANGLü GUANJIAN JISHU 160WEN

陈顺增　张玉海　周晓艳　主编

中国农业出版社
北　京

内容提要

本书以问答的形式，结合养驴工作的实际经验，以通俗的语言分别就驴产业的概述、驴的生物学性状及类型与品种、场地与建设、鉴定与挑选、选配与繁殖、饲养与管理、育肥与运输、饲料与配制、疾病与防治、选药与用药等问题进行了梳理，给读者提供了简明扼要的解答。问题的提出，力求实用，与生产实践紧密结合。本书适合养驴户及养殖场应用，同时可以供农业院校及基层畜牧兽医工作者参考。

编写人员

主　　编：陈顺增　张玉海　周晓艳

参编人员：姚杰章　孙　映　万诚堂　贺　红
陈　娟　冯永胜　刘　真　蔡佳鹤
马立霞　高　航　辛　梅　段新久
张振霞　张建平　吴　丹

审　　稿：段小红

技术支持单位

天津农垦龙天畜牧养殖有限公司

新疆玉昆仑天然食品工程有限公司

内蒙古蒙东黑毛驴牧业科技有限公司

内蒙古草原御驴科技牧业有限公司

黑龙江省三头驴农业科技有限公司

贵州黔有驴生物科技股份有限公司

本书有关用药的声明

随着兽医科学研究的发展、临床经验的积累及知识的不断更新，治疗方法及用药也必须或有必要做相应的调整。建议读者在使用每一种药物之前，参阅厂家提供的产品说明书以确认推荐的药物用量、用药方法、所需用药的时间及禁忌等，并遵守用药安全注意事项。执业兽医有责任根据经验和对患病动物的了解决定用药量及选择最佳治疗方案。出版社和作者对动物治疗中所发生的损失或损害，不承担任何责任。

中国农业出版社

《目标养驴关键技术有问必答》一书自2017年出版以来，深受广大养驴户的好评。但随着人们对驴产品的需求不断提高，以及驴养殖业的快速发展，广大养驴户生产实践中不断遇到一些新技术、新政策和新问题，他们迫切要求能得到针对性的指导。

为了让广大养驴户能了解和掌握更新、更实用的养驴技术，在驴养殖方面取得更好的经济效益，应中国农业出版社的要求，笔者对原书内容进行了修改，对原来的239个问题重新进行了调整和修正，删除了一些实用性不强、陈旧的内容，补充了国内外养驴的新技术、新成果和新政策，如驴繁殖技术、驴的福利改善、养驴的政策补贴等内容，将书命名为《目标养驴关键技术160问》。本书写作过程中，继续保持一事一问、一问一答的写作风格，具有简明扼要、突出重点，以及系统性、科学性、先进性和实用性的特色，以求最大程度地满足广大养驴户的实际要求。

本书既可作为广大养驴户的参考用书，也可供农业院校师生和基层畜牧兽医工作者参考。

限于时间仓促及笔者水平，书中难免存在不妥之处，诚请广大读者给予指正。

编　者

2019年8月23日

目录
CONTENTS

一、概　述

1 我国目前驴产业发展状况如何？

我国驴的养殖主要分布在新疆南部、甘肃东部、内蒙古东部、辽宁西部等地区。中华人民共和国成立以来，我国驴的饲养量波动较大，1954 年最大饲养量曾高达 1 270.1 万头，1962 年最低为645.4 万头，1978 年之后持续回升，到 1989 年达到1 113.6万头，之后又逐年下降，2000 年我国驴存栏量 920.93 万头，2014 年已锐减到 582 万头，年减少约 30 万头，2015 年进一步减少到 542 万头。

近年来，随着驴肉、驴皮、驴骨、驴奶等产品药用、保健功能的开发利用，这些产品的原料供不应求，价格越来越高，驴的经济价值持续攀升，养驴效益不断提高。在倡导发展节粮型畜牧业的今天，驴作为草食动物，食性广、耐粗饲、饲草利用率高、食量小、适应性和抗病性强、成活率高、性格温驯、易于饲养。既可集中饲养，也可利用果园、林地、山坡、零星草地放养或圈养，因而毛驴养殖受到国家的极大重视。《农业部关于促进草食畜牧业加快发展的指导意见》（农牧发〔2015〕7 号）中提出，要“积极发展兔、鹅、绒毛用羊、马、驴等优势特色畜禽生产”。发展驴产业既是一项致富产业，又是一项脱贫工程。因此，驴产业逐渐获得各地政府的大力支持，成为当地脱贫致富的新引擎，驴的养殖也正在从小规模、低利润向中等规模、高利润迅速发展。

2 驴产业发展应遵循哪些基本思路和战略？

（1）坚持科技为先，按照“生产规模化、标准化、专业化和市场化”的指导思想合理布局　对于毛驴主产区主要是加强产业升级，发挥龙头企业的示范带头作用。在后发展地区利用后发优势发展规模养殖，重点为养驴户提供相关信息服务，引导养驴户进行科学决策。在规划布局时要考虑饲养生产区和消费区、肉驴生产区和奶驴生产区相互重合和相互独立，制定可持续发展战略。

（2）坚持“四个原则”“一个保障”　“四个原则”是：①遵循因地制宜、分区分类发展的原则；②传统和现代养殖兼顾、统筹发展的原则；③以国内市场为主、国际市场为辅，相互补充的原则；④以科技为支撑、市场为导向、齐头并进的原则。“一个保障”是：政府在科技、人才、资金、社会化服务和产业政策等方面提供坚实的保障。

3 驴产业发展有何具体措施？

（1）培育并依托龙头企业，建立“公司＋基地＋千家万户”的养殖模式；

（2）建立驴产业园，争取政府产业专项扶持项目等；

（3）培育或引进肉、奶、皮等制品深加工企业，延长驴产业链，开发活体循环全产业链；

（4）加强驴品种改良、提高其饲养水平；

（5）提质增量、做大做强品牌；

（6）开拓驴产品市场。

4 何为无公害畜禽产品？何为无公害驴标准化生产技术？

无公害畜禽产品，是指产地环境、生产过程和产品质量符合国家有关标准和规范的要求，经认证合格获得认证证书并允许使用无公害农产品标志的未经加工或者初加工的畜禽产品。无公害驴标准化生产技术主要包括以下几点。

（1）引种控制　包括：①不得从疫区引种；②引进种驴要从具有畜牧兽医主管部门核发的《种畜禽生产经营许可证》和《动物防疫合格证》的种驴场引进，并按照《种畜禽调运检疫技术规范（GB 16567—1996）》的要求进行检疫；③引进的种驴须隔离观察，经当地动物防疫监督机构确定为健康合格后，方可供生产使用。

（2）环境控制　包括：①土壤；②水源；③空气；④场外环境；⑤建设与布局。详见本书第五部分“驴的场地与建设”。

（3）疫病控制　原则是杜绝使用一切对人体健康、社会环境和畜禽自身安全有影响的生物制剂、药品和技术，重点控制饲料、饮水和环境卫生的质量，从而保证生产出的驴产品符合无公害食品的要求。主要措施有：

①综合预防措施。

A. 实行全进全出饲养制度，以减少疫病传播；

B. 加强饲养管理，提高驴的体质，增强其抗病能力；

C. 制订切实的免疫计划，选择适宜的免疫疫苗，实行有效的预防接种；

D. 保持环境卫生，做好消毒工作，定期杀虫灭鼠；

E. 建立健全防疫制度并有效执行，坚持疫情监测、分析和预报，有计划地进行疫病净化、控制和消灭工作。

②及时扑灭疫病。

③完善防疫制度。

④隔离与消毒。

⑤免疫接种。

⑥废弃物进行无公害处理。

（4）投入品控制

①兽药的控制　药物是治疗驴病的重要手段，也是引起驴产品内源性污染的主要因素之一。生产无公害驴产品，对兽药有严格要求。

②饲料及添加剂的控制　无公害畜禽饲养饲料使用准则，对饲料和添加剂作了明确的规定，规定了允许在饲料中添加的饲料药物添加剂名录和禁止在饲料中添加的药物品种名录，并规定了休药期等。

总之，无公害驴标准化生产技术关键是要把好“十关”：把好防疫条件关；把好产地环境关；把好饮水质量关；把好饲料及饲料添加剂使用关；把好兽药使用关；把好动物免疫关；把好卫生消毒关；把好疫病监测关；把好无害化处理关；把好检疫关。

5 什么是养驴“规模化高效生产”？

养驴规模化高效生产是相对于我国目前养驴生产水平而提出的一种新技术体系。这里说的规模化，是一个相对的概念。对于一户农民而言，按技术体系要求饲养10头母驴以上即可达到专业户的规模化；对于一个农场来说，母驴的集中饲养量在500头以上才能达到一定规模。养驴规模化高效生产，要求生产者和管理者能够准确地掌握养驴的关键环节，采用人为调节环境的配套技术，对养殖生产实行有效控制，并能建立完善的服务体系，达到规模化高效生产与产业专业化服务的平衡协调。

6 什么是发展养驴“过腹还田”？

驴是草食家畜，农村大量的秸秆通过养驴可以“过腹还田”。驴粪尿中的氮、磷、钾含量在家畜粪便中较高，可提供优质有机肥料，一头驴一年可积混合肥料7～9吨。驴粪在积肥、施肥过程中，经过微生物的加工分解后重新合成有机质，最后形成腐殖质贮存在土壤中，对于改良土壤、培肥地力的作用是多方面的。它既能调节土壤的水分、温度、空气及肥效，适时满足作物生长发育的需要；又能调节土壤的酸碱度，形成土壤的团粒结构；同时，还可以延长和增进肥效、促进水分迅速进入植物体、促进种子发芽、促进根系发育和保温等作用。

7 我国哪些地方适合养驴？

驴喜欢干燥、温暖的气候，在我国主要分布于北纬32°～42°的农区和半农半牧区，黄河中下游、渭河、淮河、海河流域，以及新疆、甘肃的河西走廊比较适合养驴。经多年的风土驯化，驴对吉林、黑龙江等地的严寒气候也逐渐适应。江南各省地势低，温热多雨，虽然也有驴的分布，但数量较少。西南山区雨量虽多，但海拔高，而干湿季节明显的川西北和滇西部分地区也不适宜养驴，阴湿多雾的贵州养驴数量更少。目前，我国养驴比较多的省（自治区、直辖市）主要有天津、辽宁、吉林、山东、内蒙古、新疆、宁夏、河南、河北、山西、陕西、甘肃等地。主要品种以大中型驴为主，如关中驴、德州驴、宁河驴、晋南驴、广灵驴等。

8 为什么说养驴是“风险小、投资少、效益高”的产业？

与养牛及养马等相比较，养驴有如下优势：

①风险小　从优良生物学的特性来看，驴的体质结实，抗病性较强，对于贫瘠环境条件的适应能力极强，比较好养。

②投资少　养驴的成本相对较低，驴饲喂简单，对粗饲料的利用率高，比牛省草、比马省料，即所谓“穷养驴、富养马”，凡养不起牛、马的农户，均可以养驴。

③效益高　随着社会生产力的发展，驴由过去的役用逐渐变为了食用。驴全身都是宝，驴肉是新型的肉食产品，驴奶、驴皮、驴骨等均可食用和药用，价格均比牛、马的产品贵，因此农村发展养驴业是农民脱贫致富奔小康的一条新门路。

9 驴肉的价值如何？目前市场消费价格怎样？

驴肉一直是我国人民情有独钟的美食，瘦肉多、细嫩；蛋白质含量比羊肉、牛肉和猪肉高，而脂肪含量比羊肉、牛肉和猪肉低；矿物元素、亚油酸、亚麻酸含量远高于其他肉类。驴的肉不仅是美味佳肴，而且可以做药膳，能调整人体营养平衡，有保健防病的功效。《本草纲目》记载："驴分褐、黑、白三色，入药以黑者为良。驴肉：性味甘凉无毒，解心烦、止风狂，治一切风，安心气、补血益气，治元气劳损，疗痣引虫；驴头肉：治消渴，洗头风风屑；驴脂：敷恶疮疥鲜及风肿，滴耳治聋；驴血：利大小肠，润燥结，下热气；驴鞭：甘温无毒，强阴壮筋；驴毛：治头中一切风病；驴骨：牝驴骨煮汤汁服治多年消渴；驴皮：治一切风毒、骨节痛、肠风血痢、崩中带下、骨痛烦躁等；悬蹄烧灰：敷痈疽、散脓水。"可见驴全身都是药，称为"药畜""药兽"毫不为过。因此，人们称为"天上龙肉、地上驴肉"。

据不完全统计，全国从事驴肉产品加工的企业有500多家。驴肉消费主要以驴肉火烧、驴肉火锅、酱驴肉等传统菜品为主。2006—2015年，活驴价格和驴肉价格上涨3倍。2015年纯鲜驴肉单价达56～82元/千克，经过加工后的驴肉单价达140～300元/千克，2016年更高。

10 驴奶的价值如何？目前市场消费价格怎样？

驴奶是一种"非著名"奶品，它不但营养全面，还具有很多的养身保健功效。一是与人奶很相近，是母乳很好的替代品。驴奶中乳清蛋白含量极高，占总蛋白的64.3%，人奶为71%，比羊奶和牛奶高2倍以上；二是驴奶中人体的必需脂肪酸（亚油酸和亚麻酸）含量高，占脂肪总量的30.7%，是牛奶的9倍；三是驴奶中含有大量的上皮细胞修复因子，能提高人体免疫力，增强抵抗力，能治疗各种肺部疾病；四是驴奶是奶中唯一凉性奶，饮后不上火，对小孩便干、尿黄、手脚心发热等有很好的疗效。

西方国家很早就把驴奶作为病人的滋补品和哺育婴儿的代乳品。随着我国人民生活水平的提高，驴奶也已成为人们强身健体、延年益寿、抑制疾病的消费品之一。驴奶产量低，奶驴泌乳期约150天，整个哺乳期平均每天产奶量1.2～2.0千克，每年产奶量180～300千克。2006年新鲜驴奶收购价格为10元/千克，市场零售价格为 40 元/千克；2015 年新鲜驴奶收购价格为 30 元/千克，新疆地区市场零售价格为 80～150 元/千克。深加工后的冻干驴奶粉价格约4 000元/千克。

11 驴皮的价值如何？目前市场消费价格怎样？

驴皮除可加工成皮革外，更重要的是熬制药材——阿胶。《神农本草经》记载："阿胶味甘、性平，有补血滋阴、润燥、止血功效。"阿胶一般用黑色的驴皮熬制最好，它以古时山东东阿县的阿井水熬成者为最佳，故名阿胶，亦名驴胶、阿井胶。阿胶传统的功用有：一是补血止血，用于血虚萎黄、头晕、心悸或吐血、鼻出血、便血、血崩等各种出血；二是滋阴润燥，用于肺阴不足、肺干咳、少痰咯血、虚劳咯血、热病伤阴、虚火上炎、心烦不眠、赤热病后期、热灼真阴、虚风内动、手足抽搐。

全国阿胶生产企业日渐增多，2014 年全国 23 个省份 67 家企业生产总计 105 个含阿胶的药品，全国 13 个省份 81 家企业生产总计 146 个含阿胶的保健食品，2015 年产品近 200 个。国内外市场对阿胶的需求量在 2000 年约为 300 吨，2002 年增至 1 100 吨，以后逐年攀升，2014 年需求量达 5 000 吨以上，实际需要驴皮 400 万，缺口逐年加大。由于驴皮供不应求，2006—2015 年驴皮价格上涨 20 倍，阿胶价格上涨 15 倍，并且出现了驴皮造假的情况。目前，驴的存栏量可正常提供驴皮的不足需求的 50%，即我国驴存栏量达到 1 100 万头以上才能供求平衡。因此从价格上说，通过养驴获得经济效益还有很大的空间。

12 驴血的价值如何？有什么发展前景？

驴血的血清可分为孕驴血清和健康驴血清两类。妊娠母驴生产的血清促性腺激素是一种糖蛋白激素，具有促卵泡素和促黄体素的双重作用，既可诱发卵泡发育，又可刺激排卵，并且半衰期长，作用效果没有种间特异性。家畜、经济动物、珍禽异兽均可使用，以促进发育排卵、超数排卵和治疗不育症。目前，还用于人的性功能不全、性器官发育不全、子宫功能性出血等的治疗。美、英、日、德等国已将血清促性腺激素纯品制剂列入国家药典，作为人体性功能障碍疾病的治疗制剂。

健康驴的血清，在细胞培养、疫苗生产、生物制药等方面有着良好的应用前景。我们应在不影响驴的健康情况下，有计划地获得，使其更好地造福人民。

13 驴骨的价值如何？有什么医用效果？

驴骨入中药后，味甘、性平，具有补肾滋阴、强筋壮骨之功效，常用于小儿解颅、消渴、历节风。内服：煎汤，适量；外用：烧灰调涂，适量；或煎汤浸洗。

据《圣惠方》记载："治耳聋，无问年月及老少，取驴前蹄胫骨，打破，于日阳中，以瓷盆子盛，沥取髓，候尽，收贮。每用时，以绵乳子点少许于所患耳内，良久，即倾耳侧卧候药行。其髓不得多用。重者不过一两度，如新患，点一下便有效。其髓带赤色者，此是乏髓，不堪，白色者为上也。"

14 目前驴的畅销品种有哪些？驴产品的主要销售渠道有哪些？

从综合各方面的养驴信息来看，目前养殖德州驴、关中驴、广灵驴、晋南驴、佳米驴、新疆驴、泌阳驴、淮阳驴、华北驴等比较畅销，尤以德州驴的改良品种经济效益最好。

从销售渠道来看，养殖场或农贸交易市场可以直销小驴驹、商品驴或种驴等，同时也可在网上进行销售。驴肉及驴产品有五大销售渠道：①商场超市和自营店；②农贸市场；③驴产品加工厂；④酒店餐饮；⑤网络销售。

二、目标养驴的经营与方法

15 什么是目标养驴？

目标养驴，即由目标的分类分品种地去选择养驴。目前养驴业的产品定位主要分为5种：①以生产优质驴肉为主要目标；②以生产优质驴副产品为主要目标，包括驴皮、内脏器官、生化制药等（如山东东阿阿胶公司生产高端阿胶产品）；③以生产优质驴奶为主要目标（如新疆玉昆仑天然食品工程有限公司）；④以生产优良驴种为主要目标（如天津农垦龙天畜牧养殖有限公司）；⑤以提供休闲娱乐观赏为主要目标。以上五大类的产品均可以形成特有的品牌。

16 目标养驴怎样进行养殖定位？

对驴进行养殖定位是在市场调查基础上，对驴场的建场方针、奋斗目标、经营方式，以及为实现这一目标所采取的重大措施作出的选择与决定，具体包括经营方向、生产规模和饲养方式等方面的内容。

（1）经营方向与生产规模的确定　经营方向就是驴场是从事专业化饲养，还是从事综合性饲养。专业化饲养是指只养某一品种的种驴或者育肥驴，外购“架子驴”，集中育肥；综合性饲养就是指既养种驴又养商品驴等，种驴可外销，商品肉驴可自繁自养。在经营方向确定之后，还有一个饲养量的问题，这就是生产规模的问题。确定经营方向与生产规模的主要依据有：市场需求情况；投资者的投资能力、饲养条件、技术力量；驴的来源；饲养供应情况；交通运输及水、电和燃料供应保障情况。一般家庭养驴场可选择饲养育肥驴或少量饲养种驴，育肥驴自繁自养，有一定技术力量的养殖场可饲养种用驴或从事驴的综合性饲养。

（2）饲养方式的选择　目前，商品肉驴的饲养方式主要有圈养舍饲和半舍饲放牧两种方式。

①圈养舍饲　也叫圈养，就是把各个饲养阶段的驴分别饲养在人工建筑的有一定面积的圈舍里，所有的饲养管理由人工或半人工控制，具有集约化经营管理的特点。圈养驴要求饲料资源充足、饲喂搭配合理，否则影响驴的生长发育。圈养驴活动范围有限，在人的直接干预下生长和繁殖，便于选种选配、育肥和其他一些技术措施的实施，同时也有利于疫病的预防和治疗。圈养驴要求有一定的人力和物力，有足够的饲养设备，所以饲养成本较高。

②半舍饲放牧　是圈养与放牧结合的一种养驴方式。驴群经过调教白天在放牧场上自由采食，晚上回圈舍后根据驴采食饲料的情况进行适当的补饲。放牧可以利用天然饲料，增加驴的运动量，有利于驴的个体生长发育，节省人力和降低饲养成本。但驴处于育肥期和繁殖期时不适于放牧。

17 目标养驴经营管理的主要内容有哪些？

驴标准化养殖场的经营管理主要包括生产管理、技术管理、财务管理等方面的内容。

（1）生产管理　主要包括计划管理、过程管理和绩效考核管理。为了使驴场的各项工作能够顺畅有序，驴场需要制订周转计划、饲料计划和饲养计划，进行计划管理。在驴场的生产过程中，要制定恰当的生产流程及操作规程，依据相应的指标和有关信息进行过程管理，并制定绩效考核评价指标体系，进行绩效考核管理。

（2）技术管理　主要包括营养需求分析、生长发育评定、饲料加工工艺评定、疾病控制研究、电子档案信息管理等内容。

(3) 财务管理　主要包括资金管理与成本管理。

①资金管理　是对企业在生产经营活动中所需要的各种资金的来源、分配和使用，实施计划、组织与调节、监督及核算等管理职能的总称。

②成本管理　是对驴产品整个生产销售过程中发生的各项成本费用开支进行的一系列管理工作，主要包括成本预测、决策计划、控制等管理内容。

18 目标养驴怎样做好养殖经济效益分析？

驴场养殖的经济效益是指在其生产中所获得的产品收入扣除生产经营成本以后所得的利润，其成本主要包括以下几个方面：

(1) 饲料费用　是指饲养过程中耗用的自产或外购的各种饲料所产生的费用（包括各种饲料添加剂等费用），运杂费也应列入其中。

(2) 饲养人员工资及福利费用　是指直接从事养驴生产人员的工资、奖金及福利费用等。

(3) 燃料费用和水电费用　是指直接用于养驴生产过程的燃料费、水电费等。

(4) 防疫医药费用　是指用于疾病防治的疫苗、化学药品等费用，以及检疫费、化验费和专家服务费等。

(5) 仔驴（或架子驴）费用　是指购买仔驴（或架子驴）的费用，包括包装费、运杂费等。

(6) 低值易耗品费用　是指工具、器材、劳保用品等易耗品的购置费用和维修费用等。

对于较大规模的家庭养殖场，养殖成本除了上述几方面外，还有固定资产折旧费用（指驴舍和专用机械设备的基本折旧费、固定资产的大修理费用等）和管理费用（指从事驴场管理、产品销售活动中所消耗的一切直接或间接生产费用）。

19 目标养驴如何建立经营管理组织机构？

为提高驴的养殖效益，最大限度地降低成本，肉驴养殖场应建立企业管理制度，以公司为企业的经营法人，实行董事会领导下的总经理负责制，公司为独立的核算经济实体（图 2-1）。

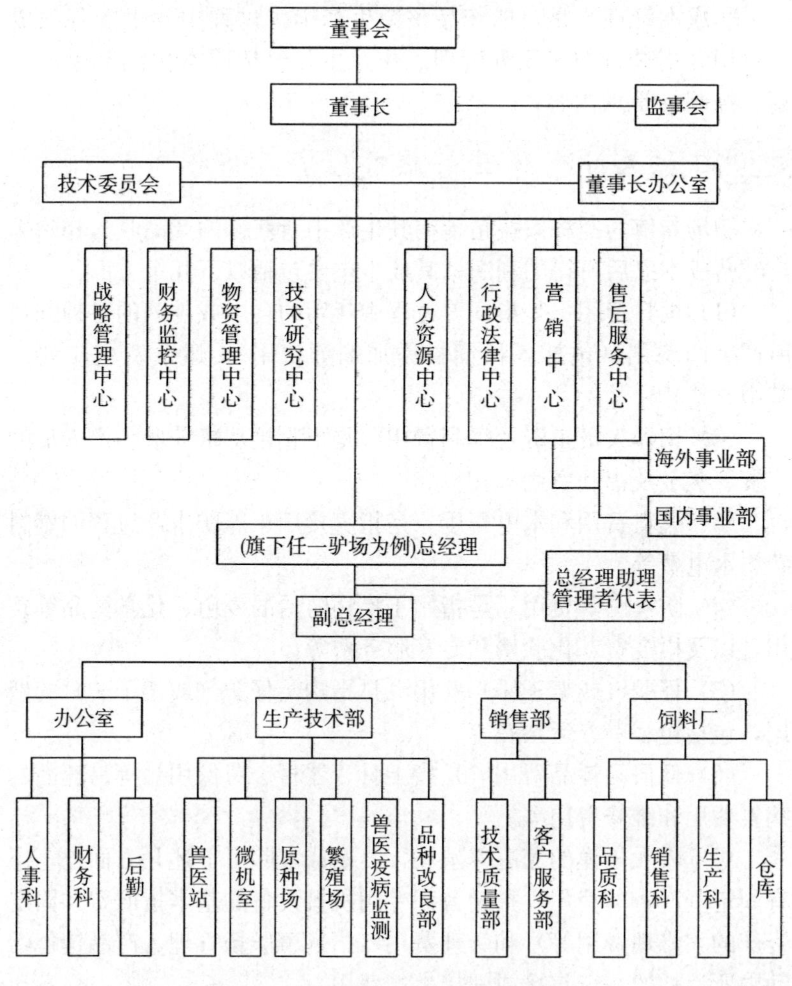

图 2-1　驴养殖场现代企业管理制度

20 目标养驴企业应完善哪些管理制度？

企业要在生产实践中总结出一套行之有效的管理制度，并不断加以完善。这些管理制度应当包括：

（1）生物安全及疫病防治制度；

（2）主要管理和技术人员的工作职责描述，即岗位责任制度；

（3）各生产环节的日常操作规程、安全规范制度；

（4）各部门的生产物耗和产品数量质量任务指标制度；

（5）与工作人员业绩紧密挂钩的奖励和惩罚制度；

（6）员工定期培训、学习、考核制度；

（7）其他与驴场工作相关的制度。

21 怎样提高养驴场的综合经济效益？

驴的养殖与其他养殖一样，具有影响因素多、管理难等特点，养殖者要从以下几个方面来提高驴场的经济效益：

（1）选择优良品种，提高生产性能　品种的优劣直接关系到养驴的效益，不同品种之间生产性能差异很大，因此产生的效益也有很大差别，在选择种驴时一定要注意品种质量。作为繁殖用的种驴一定要考虑其品质的优劣和适应性，在引进时不要图价格低廉而购买劣质种驴。本场选留种驴时要选优汰劣，将本场最优秀的个体留作种用，以扩大优良驴群。杂交驴本身生产性能较好，但不能留作种用。引种时应适量引进，逐步扩群，以减少引种费用。

（2）做好饲养管理，充分发挥驴的生产潜力　科学的饲养方法，是提高养驴效益的重要一环。在生产上，要采用科学的饲养管理方法，同时合理搭配饲料，以提高驴的繁殖率和日增重，以及预防疾病、减少发病和死亡率。

（3）提高饲料利用率，节约饲养成本　饲料既是肉驴生长发育的养分来源，也是形成产品的原料。饲料费用一般占整个生产费用的60%以上，对生产成本和经济效益的高低起重要作用。育肥驴出售时间越迟，出栏体重越大，饲料报酬降低，脂肪沉积增加；但出售日龄太小，肉驴达不到应有的体重，并影响肉质，也不经济。因此在实际生产中，要把握出栏时间，以提高饲料利用率和驴肉品质。

（4）饲养规模与市场相结合，提高养驴经济效益　养殖户应及时把握好市场行情，调整好养殖规模，不能无计划地盲目生产。只有饲养规模和产品质量适应市场变化后，家庭养驴才能获得较好的经济效益。

（5）开展加工增值，搞产品综合开发利用　无论是驴皮、驴肉，在出场销售之前养殖户可以自己先进行初加工，如肉驴的屠宰加工等。有条件的驴场，还可创办与其产品相适应的食品、生物制剂等加工厂，以提高产值。

三、驴的生物学性状

22 驴的外形特征如何？

在同一地区的生态条件下，驴的外形单薄，体狭窄；耳长而大，额宽、突出，前额无门鬃；鼻、嘴尖而细；颈细而薄，颈脊上的鬣毛稀疏而短；鬐甲处无长毛；尾细、毛少而短；四肢被毛极少或无，被毛细、短，毛色纯，且多为灰黑两色，浅色驴多有背线、鹰膀等特征；肩部短斜，故显背长腰短；横突短而厚，故腰短而强固，比较利于驮运；胸浅而长，腹小而充实；四肢细长，蹄小而高，蹄腿利落。驴的体质非常结实，素有"铁驴"之称。

23 驴的性情特征如何？

驴的性情比较温驯，经调教后，妇女、儿童也可骑乘驾驭。性较聪敏，善记忆，如短途驮水，无人带领常可自行多次往返于水源和农家之间。驴胆小而执拗，俗称"犟驴"，一般缺乏自卫能力。驴适宜农村各种路况，能吃苦耐劳。驴步幅虽小，但频率高，常日行 40～50 千米，驴的驮力常达其体重的 1/2 以上。

24 驴的繁殖性能如何？

驴早熟，利用年限长。在一般农区，驴的胎儿生长发育快，初生体高可达成年驴的 60％以上，体重可达成年驴的 10％～12％，1 岁左右即达到性成熟，2 岁左右即可开始配种，终生可产驹 7～10 头。

25 驴的寿命有多长?

驴的寿命一般为20年左右，如饲养管理良好寿命可达30年左右。

26 哪种驴适合肉用?

选择肉驴品种时，必须考虑父本和母本品种对经济状况的不同要求。父本品种选择着重于生长育肥性状和胴体性状，重点要求日增重快、出肉率高；而母本品种则着重要求繁殖率高、哺育性能好。当然，无论是选择父本品种还是母本品种都要求适合市场需要，具有适应性强、容易饲养等优点。

目前养殖的肉驴品种大多都是德州驴的改良后代，由于德州驴后代的杂交优势明显，其分布地区又是全国大型驴比较集中的区域，易于采购，因此全国各地的肉驴养殖场都采购此驴种。

27 哪种驴的驴皮适合制作阿胶?

小黑驴，白肚皮，
粉鼻子粉眼粉蹄子。
狮耳山上来啃草，
狼溪河里去喝水。
永济桥上遛三遭，
魏家场里打个滚。
至冬宰杀取其皮，
制胶还得阴阳水。
百年堂，阿胶王，
经年名胶圣药王！

阿胶，堪称“圣药之王”。正宗的阿胶必须选择黑驴作为主要原材料。

明清医药大家陈修园大师则直接指出，“驴亦马类，属火而动风；肝为风脏而藏血，今借驴皮动风之药，引入肝经；又取阿水沉静之性，静以制动，风火熄而阴血生。”同时，针对毛驴有黑色、灰色、栗色等，陈修园大师一针见血地说：“必用黑皮者，以济水合于心，黑色属于肾，取水火相济之意也。”

28 驴对环境的适应状况如何？

驴具有热带或亚热带动物的生长特性，喜欢温暖、干燥的生活环境，耐热、耐渴性强，不轻易出汗，但有惧水性，不善涉水，故有“泥泞的骡子雪里马，土路上的大叫驴”的谚语。驴的耐寒性差，华北驴初到东北寒冷地区时有冻伤，但经风土驯化后能适应－28℃左右的严寒气候。

四、驴的类型及品种

29 我国驴主要有哪些类型？

我国驴种根据其体型、外型结构、生产性能和适应性等，可大致分为大型驴、中型驴和小型驴三个类型。

30 我国大型驴有哪些类型？其分布及品种特性如何？

大型驴，是我国驴中体型最大的一个类型，目前主要有德州驴、关中驴、广灵驴、晋南驴、宁河驴等品种。主要分布在黄河中下游的发达农业区，如关中平原、晋南盆地、冀鲁平原等。这些产区四季分明，气候温和，农业生产条件好，粮棉单产高。不仅有丰富的农副产品作饲料，还有种植苜蓿喂驴的习惯。农民以驴作为主要役畜，搭配花草喂驴，全年补饲精饲料，同时又重视选种选配，因而形成体型高大的大型驴。平均体高 130 厘米以上，体重约 260 千克。结构良好，毛色纯正，杂色毛较少，以黑三粉驴为主。除役用外，常提供各地作为繁殖大型骡的种畜。关中、晋南和晋北、冀鲁滨海地区，历史上早已因产大型驴而著称。

（1）德州驴　产于鲁北平原沿渤海各县，以无棣、庆云、沾化、阳信、盐山为中心产区。过去因用驴驮盐至德州，德州为集散地，故有德州驴之称，当地又称“无棣驴”“渤海驴”。

德州驴属大型挽驮兼用驴，体格高大，紧凑结实，结构匀称，皮薄毛短；头颈高昂，面直口齐，耳敏耸立，眼大有神；鬐甲明显，胸较宽深，背腰平直，尻部稍斜，肋骨弓圆，腹部充实；四肢干燥，关节明显，肢势端正，蹄黑质坚。公驴前躯较发达，睾丸发育正常；母驴后躯较丰满，乳房发育良好。体格侧视略呈长方形或正方形。毛色分为“三粉”和“乌头”两种，各表现出不同的体质和遗传类型。前者，鼻唇、眼圈和腹下被毛为粉白色，其他部位被毛皆为黑色，体型俊秀，结实干燥，四肢较细，肌腱明显，体重较轻，动作灵敏；后者，全身毛色乌黑，无任何白章，全身各部位均显粗重，头较重，颈粗厚、鬐甲宽厚，四肢较粗壮，关节较大，体型偏重，动作较迟钝，为我国现有驴种中不可多得的“重型驴”，具有很好的肉用发展潜力（彩图 1）。

德州驴成年公驴体高 136.4 厘米（132.0～155.5 厘米）、体长 143.6 厘米（122.0～158.0 厘米）、胸围 149.2 厘米（146.0～160.0 厘米）、管围 16.5 厘米（14.5～22.0 厘米）、体重 311.1 千克（283.8～355.4 千克）；德州驴成年母驴体高 130.1 厘米（120.0～156.0 厘米）、体长 130.8 厘米（115.0～165.0 厘米）、胸围 143.4 厘米（121.0～180.0 厘米）、管围 16.2 厘米（13.0～21.0 厘米）、体重 261.6 千克（251.9～292.4 千克）。

生产性能上，单驴载重 750 千克，日行 40～50 千米，可连续多日；最大挽力占体重的 75%～78%；屠宰率为 55.75%～57.44%、净肉率为 47.12%～48.36%。性成熟为 12～15 月龄，初配年龄为 2.5 岁，一般终生产驹 10 头左右。1 岁驹体高、体长分别为成年驴的 90.6%和 86.1%以上，早熟性强。

（2）关中驴　产于陕西省的关中平原，主要分布于关中地区和延安地区的南部，以乾县、礼泉、武功、蒲城、咸阳、兴平等县（市）产的驴品质最佳，曾被输出到朝鲜、越南等国。

体格高大、结构匀称，体质结实，体形略呈长方形，毛色以黑为主。成年公驴体高 133.2 厘米、体长 135.4 厘米、胸围 145.0 厘米、管围 17.0 厘米、体重 263.6 千克（彩图 2 左图）；成年母驴体高 130.0 厘米、体长 130.3 厘米、胸围 143.2 厘米、管围 16.5 厘米、体重 247.5 千克（彩图 2 右图）。

生产性能上，最大挽力公驴为 246.6 千克、母驴为 185.63 千克；载重 690 千克，行走 1 千米，公驴需 11 分 9 秒、母驴需 11 分 45 秒；性成熟为 1.5 岁，初配年龄 2.5 岁，公驴到 18 岁、母驴到 15 岁时仍可配种繁育；驴配驴受胎率为 80%以上，公驴配母马受胎率为 70%左右。

（3）广灵驴　产于山西省东北部广灵、灵丘两县，分布于广灵、灵丘两县周围各县的边缘地带。

体形高大，体质坚实，粗壮，结构匀称。毛色以黑化眉为主，青化灰、纯黑次之。成年公驴体高 124.7 厘米、体长 123 厘米、胸围 134 厘米、管围 16 厘米、体重 208.8 千克（彩图 3 左图）；成年母驴体高 124.8 厘米，体长 123.4 厘米、胸围 136.8 厘米、管围 15.4 厘米、体重 214 千克（彩图 3 右图）。

生产性能上，最大挽力为 152.5 千克；载重 400～500 千克；屠宰率为 45.1%，净肉率为 30.6%；性成熟为 15 月龄，初配年龄母驴为 2.5 岁、公驴为 3 岁。

（4）晋南驴　产于山西省运城地区和临汾地区南部，以夏县、闻喜为中心区，绛县、运城、永济、万荣、临猗都有分布。

体格高大，体型结实紧凑。毛色以黑色居多，其次为黑色和栗色。成年公驴体高 125.3 厘米、体长 123.7 厘米、胸围 134.5 厘米、管围 15.2 厘米、体重 207.5 千克（彩图 4 左图）；成年母驴体高 125.8 厘米、体长 125.5 厘米、胸围 136.7 厘米、管围 14.9 厘米、体重 217.5 千克（彩图 4 右图）。

生产性能上，最大挽力公驴相当于体重的 93.7%，母驴相当于体重的 88.4%；载重 500 千克，日行 30～40 千米；屠宰率为 52.1%，净肉率为 39%；性成熟 8～12 月龄，初配年龄为 2.5～3 岁，终生产驹 10 头。

（5）宁河驴　产于天津市宁河县（引种于德州，经七代繁育后现已形成稳定的遗传性能，改良发展为宁河特有驴种）。

毛色主要是“三粉”和“乌头”，经改良后“三粉”驴的“粉白”部位呈逐渐减少趋势，其外貌特征及各性状逐渐趋于“乌头”。

即表现为：体格高大，结构匀称，紧凑结实，线条清晰，头颈高昂，颈较粗厚，面直口齐，毛短发亮，其四肢粗壮有力，关节大而明显，蹄黑且质坚，走姿端正、刚劲有力。鬐甲明显，胸部宽深，腹部充实。体形略呈长方形，全身各部位均显粗重。为我国现有驴种中不可多得的优质驴种，可作为良种引进，亦可作为优良肉用及奶用驴。

成年公驴体高 145.1 厘米、体长 148.3 厘米、胸围 150.1 厘米、管围 18.0 厘米、体重 397.3 千克（较引进初期平均增重 100 千克左右）（彩图 5 左图）；成年母驴体高 135.1 厘米、体长 135.8 厘米、胸围 143.4 厘米、管围 15 厘米、体重 295.4 千克（较引进初期平均增重 60 千克左右）（彩图 5 右图）。

生产性能上，屠宰率为 45％～53％、净肉率为 35％～38％；性成熟为 15～18 月龄，公驴初配年龄为 30 月龄，母驴初配年龄为 20 月龄，繁殖年限 2～16 年；母驴发情周期为 18～25 天，配种时间为3～9 月，最佳受孕月份为 4 月，一般终生产驹 10～12 头；受胎率为 84.3％，产胎成活率为 91.5％，公驴性欲旺盛，母驴发情有规律。

31 我国中型驴有哪些类型？其分布及品种特性如何？

中型驴，体高为 111～129 厘米，平均体重 180 千克左右。数量较大型驴多。其体型结构较好，介于大、小型之间。毛色比较单纯，多为粉黑色。目前主要有佳米驴、泌阳驴、淮阳驴、庆阳驴、阳原驴、临县驴、库伦驴等品种。主要分布在华北北部和河南省的农业区。这些产区过去多为杂粮产地，社会经济条件和饲养水平较小型驴产区有显著改善。驴的数量多，密度大，民间比较重视公驴选育，且多从大型驴产区购入种公驴与当地小型驴相配。

（1）佳米驴　产于陕西省佳县、米脂、绥德三县，中心产区在三县毗连地带，以佳县马镇、米脂县桃花镇所产的驴为最佳。子州、横山、清涧、吴堡等县和山西临县亦有少量分布。

体格中等，结构匀称，体躯呈方形。毛色分为黑燕皮和黑四眉两种。成年公驴体重125.8厘米、体长127.2厘米、胸围136.0厘米、管围16.7厘米、体重217.9千克；成年母驴体高121.0厘米、体长122.7厘米、胸围134.6厘米、管围14.8厘米、体重205.8千克。

生产性能上，最大挽驮力公驴为213.89千克，母驴为173.75千克；驮重母驴为69.89千克；载重359.36千克，行20千米需4小时37分；屠宰率为49.18%，净肉率为35.05%，骨肉比为1∶3，肌纤维细，味鲜美；性成熟为2岁；初配年龄为3岁；繁殖成活率为90%，终生可产驹10头。

（2）泌阳驴　产于河南省泌阳县，分布于唐河、杜旗、方城、遂平、叶县、襄县和舞阳等县。

头直，额突起，口方正，耳耸立，体躯近似正方形。毛色为黑色，眼圈、嘴头周围和腹下毛色为粉白色，又称三白驴。成年公驴体高119.5厘米、体长118.0厘米、胸围129.8厘米、管围15.0厘米、体重189.6千克；成年母驴体高119.2厘米、体长119.8厘米、胸围129.6厘米、管围14.3厘米，体重188.9千克。

生产性能上，最大挽驮力公驴相当于体重的104.4%，母驴相当于体重的77.83%；载重500千克左右，日行40～50千米；驮重100～150千克；性成熟公驴为1～1.5岁，母驴为9～12月龄；初配公驴为2.5～3岁，母驴为2～2.5岁；受胎率为70%；成年驴屠宰率为48.29%，净肉率为34.91%。

（3）淮阳驴　产于河南沙河及其支流两岸的豫东平原东南部，即淮阳、郸城西部、沈丘西北部、项城、商水北部、华西东部、太康南部、周口市，以淮阳为中心产区。

该品种驴分为粉黑、银褐2种主色。粉黑驴体格高大，体幅较宽，略呈长方形，头重；前躯发达，鬐甲高，利于挽拽；中躯呈桶状，腰背平直，四肢粗实；后躯高于前躯，尻宽而略斜，尾帚大。银褐色驴体略大，单脊单背，四肢较长。淮阳驴公驴体高124.4厘米、体长126.1厘米、胸围135.4厘米、管围15.5厘米、体重

230 千克；淮阳驴母驴体高 123.1 厘米、体长 125.2 厘米、胸围 133.6 厘米、管围 14.8 厘米、体重 225 千克。

生产性能上，淮阳驴挽、驮、拉、乘均可。公驴最大挽力为 280 千克，母驴为 174 千克。母驴 1.5 岁开始发情，2.5 岁开始配种，一生可繁殖到 15～18 岁。公驴 3 岁以后开始种用，至 18～20 岁性欲仍然很旺盛。屠宰率可达 50%左右，净肉率为 32.3%。

（4）庆阳驴　产于甘肃省东南部的庆阳、宁县、正宁、镇原、合水等县，以庆阳的董志塬地区分布最集中、质量最好。

体格中等，粗壮结实，体躯近于正方形，结构匀称，体态美观。毛色以黑色为最多。成年公驴体高 127 厘米、体长 129 厘米、胸围 134 厘米、管围 15.5 厘米，体重 182 千克；成年母驴体高 122 厘米、体长 121 厘米、胸围 130 厘米、管围 14.5 厘米、体重 174.7 千克。幼驴驹初生重公驹 27.48 千克、母驹 26.71 千克；体高占成年的比重，公为 62.6%、母为 67.6%。

生产性能上，1 岁时就表现性成熟，公驴 1.5 岁时配种就可以使母驴受孕，母驴不到 2 岁就可产驹。一般公驴以 2.5～3 岁、母驴以 2 岁开始配种为宜。驮重公驴为 100～120 千克，母驴为 80～90 千克，日行 40 千米，是当地重要役畜。饲养好的可利用到 20 岁，终生可产 10 胎。

（5）阳原驴　产于河北省西部桑干河和洋河流域。

体质结实干燥，结构匀称。毛色有黑、青、灰、铜 4 种，以黑色毛最多。成年公驴体高 135.8 厘米、体长 136.5 厘米、胸围 149.0 厘米、管围 17.4 厘米；成年母驴体高 119.6 厘米、体长 120.6 厘米、胸围 136.8 厘米、管围 14.7 厘米。

生产性能上，载重 500 千克，行程 6 千米，每日往返 1 次，单程载重需 1 小时；1.5～2.5 岁屠宰率为 56.05%，净肉率为 39.05%，肉色呈浅红色、有光泽，无腥味；1 岁达性成熟，初配年龄公驴为 3 岁、母驴为 2 岁，终生产驹 5～8 头；受胎率为 78%，成活率为 83.1%。

（6）临县驴　产于山西省临县。

体型中等，体格强健，体质结实，结构匀称，毛色主要为黑色，带有四白的数量最多。成年公驴体高 117.7 厘米、体长 119.8 厘米、胸围 127.8 厘米、管围 15.1 厘米、体重 179.5 千克，成年母驴体高 117.3 厘米、体长 119 厘米、胸围 128 厘米、管围 14.3 厘米、体重 179.5 千克。

生产性能上，最大挽力公驴为 162 千克、母驴为 161 千克，分别相当体重的 85.1%和 74.3%；载重 300～350 千克，日行 30 千米；驮重 80～90 千克，日行 30～50 千米；单驴日耕地 3 000～4 000 $米^2$；初配年龄为 3 岁，母驴繁殖年限为 15 岁左右，终生产驹 10～12 头。

（7）库伦驴　产于内蒙古的库伦旗和奈曼旗。

体型中等，结构紧凑，四肢粗壮有力，毛色有黑、灰 2 种，多数有白眼圈，乌嘴巴，腿上有虎斑。成年驴平均体尺为：公驴体高 120 厘米、体长 118.6 厘米、胸围 130.6 厘米、管围 16.8 厘米，母驴体高 110.4 厘米、体长 111.2 厘米、胸围 125.1 厘米、管围 14.9 厘米。

役用性能良好，单驹载 200～250 千克可连续走 4～6 小时，骑乘每小时可行 10 千米。繁殖年龄为 3～15 岁，终生产驹 7 头左右。

32 我国小型驴有哪些类型？其分布及品种特性如何？

小型驴即平常所说的小毛驴。体型最小，平均体高均在 1.1 米以下，体重约 130 千克。饲养数量最多，分布最广。所有产驴地区，几乎都有小毛驴的分布，但主要产于新疆、甘肃、青海等高原荒漠地区和长城内外的农区和半农半牧区。内地山区和江淮平原也有少量的小毛驴分布。这类型毛驴有：新疆驴、华北驴、西南驴、太行驴、淮北驴、苏北毛驴、陕北毛驴、青海毛驴、云南驴、凉州驴、西藏驴等。其中，以川、滇毛驴最小，平均体高不到 1 米，体重约 100 千克。除内地农区外，小型驴产区一般社会条件和经济条件都较差，驴的饲养管理粗放，饲养水平低，实行放牧或半舍饲饲养，基本不喂料，多行自然交配，人工选育效果很差。因而个体小，毛色比较复杂，但以灰色、黄褐色为主，兼有背线、鹰膀等特征。该类型驴体格虽小，但富持久力，适应性好，遗传性很强。

（1）新疆驴　新疆驴（包括喀什驴、库车驴、吐鲁番驴），产于新疆喀什、和田、阿克苏、吐鲁番、哈密等地区。

体格矮小，结构匀称，四肢短而结实，被毛以黑色、棕色居多。成年公驴体高 102.2 厘米、体长 105.4 厘米、胸围 109.7 厘米、管围 13.3 厘米；成年母驴体高 99.8 厘米、体长 102.5 厘米、胸围 108.3 厘米、管围 12.8 厘米。

生产性能上，载重 560～700 千克，挽力高达 230 千克；骑乘、拉运均有一定的速力，拉运 150～160 千克，行 1 000 米用时 4 分 8 秒；初配年龄母驴为 2 岁，公驴为 2～3 岁；受胎率为 90%以上，终生产驹 8～10 头。

（2）华北驴　产于黄河中下游、淮河和海河流域广大地区。

体质紧凑，头较清秀，四肢细而干燥。毛色复杂，灰、黑、青、苍、栗色皆有，但以灰色为主。体高在 110 厘米以下，体长在 111 厘米下，胸围在 116 厘米以下，管围在 13 厘米以下，体重为 130～170 千克。

生产性能上，性成熟时间公驴为 18～24 月龄、母驴为 12～18 月龄。繁殖利用年限为 13～15 年，母驴终生产驹 8～10 头。屠宰率为 41.7%，净肉率为 33.3%。

（3）西南驴（川驴）　产于四川省西部部分地区。

体质结实，头较粗重，额宽、背腰平直，被毛厚密。毛色灰，以栗毛居多。成年公驴体高 89.5 厘米、体长 92.5 厘米、胸围 98.2 厘米、管围 11.8 厘米、体重 83.4 千克；成年母驴体高 94.4 厘米、体长 97.3 厘米、胸围 105 厘米、管围 12.0 厘米、体重 100.1 千克。

生产性能上，驮重 50～70 千克，单驴载重 300～500 千克，使役年限可达20年左右。屠宰率公驴为45.33%、母驴为43.87%；净肉率公驴为34.31%、母驴为31.65%。繁殖成活率为50.62%，初配年龄为3岁，终生产驹8～12头。

（4）太行驴　产于河北省太行山区和蓝山区及毗邻的山西、河南等地。

体躯多呈高方形。头大耳长，四肢粗壮。毛色以浅灰色居多，粉黑色和黑色次之。成年公驴体高102.4厘米、体长101.7厘米、胸围115.9厘米、管围13.9厘米；成年母驴体高102.5厘米、体长101.1厘米、胸围113.4厘米、管围13.7厘米。

生产性能上，长途驮重75千克，日行70千米；日间短途驮重100～125千克；单驴日磨面50～90千克。初配年龄母驴为2.5～3岁，繁殖年限为20岁左右，终生产驹5～10头。

（5）淮北驴　产于安徽省淮河以北。

体小紧凑。四肢干燥，毛色多为灰色，有背线和鹰膀。成年公驴体高108.5厘米、体长111.4厘米、胸围117.3厘米、管围12.9厘米；成年母驴体高106.6厘米、体长109.7厘米、胸围117.4厘米、管围12.4厘米。

生产性能上，最大挽力公驴为138千克、母驴为123.2千克；成年屠宰率为43.02%，净肉率为30.16%；性成熟公驴为1～1.5岁、母驴为1～2岁；初配年龄公驴为4岁、母驴为2.5～3岁；初生体高占成年的63.5%。

（6）苏北毛驴　产于江苏省徐淮地区。

体型矮小，体格结实。毛色以青色居多，其次为灰色、黑色。成年公驴体高106厘米、体长109厘米、胸围123厘米、管围13.6厘米；成年母驴体高106厘米、体长109厘米、胸围122.6厘米、管围12厘米。

生产性能上，载重200千克，可连续5～7天，日行40～50千米；性成熟为12～18月龄，初配年龄为2.5岁，繁殖年限为16岁，一生最多产11胎；屠宰率为41.7%，净肉率为33.3%。

（7）陕北毛驴　产于陕西省榆林和延安地区。

体质结实。头稍大，颈低平，眼小，耳长，前躯低，背腰平直，尻短斜，腹部稍大，四肢干燥，关节明显，蹄质坚实。毛色常见的有黑色、灰色、杂色（白灰色、褐灰色、灰色、褐色），具有背线和鹰膀。成年公驴体高 106 厘米、体长 107 厘米、胸围 116 厘米、管围 13 厘米、体重 135.6 千克；成年母驴体高 106 厘米、体长 109 厘米、胸围 117 厘米、管围 13 厘米、体重 140.5 千克。

生产性能上，骑乘走沙路，日行 30～45 千米；驮运 60～90 千克，日行 30～40 千米。母驴终生可产仔 8 胎，繁殖年限为 12～13 年。

（8）青海毛驴　产于青海省海东、海南、海北、黄南等地。

个体矮小，体型较方正，头稍大略重，背腰平直。毛色以灰色为主，黑、青毛次之。成年公驴体高 105 厘米、体长 106 厘米、胸围 113.7 厘米、管围 13.2 厘米、体重 137.5 千克；成年母驴体高 102 厘米、体长 103 厘米、胸围 112 厘米、管围 12.2 厘米、体重 135.8 千克。

生产性能上，驮重 70 千克，最大载重为 680 千克；屠宰率为 47.24%，净肉率为 33.98%；初配年龄为 3 岁，繁殖成活率低，仅为 25%～35%，繁殖年限 18 岁，终生产驹 5～6 头。

（9）云南驴　产于云南滇西的祥云和宾川等地。

体格矮小，体质干燥结实，头较粗重。毛色以灰色为主，黑色次之。成年公驴体高 93.6 厘米、体长 92.2 厘米、胸围 104.3 厘米、管围 12.2 厘米；成年母驴体高 92.5 厘米、体长 93.7 厘米、胸围 107.8 厘米、管围 12.0 厘米。

生产性能上，驮重 50～70 千克，日行 30 千米；载重 400～500 千克，时速为 4～5 千米；性成熟公驴为 1.5～2 岁、母驴为 2～2.5 岁；一般三年两胎，繁殖盛期 5～15 岁，终生产驹 7～8 头；屠宰率为 48.6%。

（10）凉州驴　产于甘肃省河西、武威等地。

头大小适中，背平直，体躯稍长，四肢端正有力。毛色以黑、灰色为主，大多数有黑色背线，肩部有鹰膀。成年公驴体高

101 厘米、体长 111 厘米、胸围 104 厘米、管围 13 厘米；成年母驴体高 101 厘米、体长 103 厘米、胸围 112 厘米、管围 13 厘米。

生产性能上，驮载可负重为 50～70 千克；载重250～300 千克，日行 30～50 千米；性成熟公母为 3 岁，发情周期 19～22 天；繁殖年龄公驴为 12 岁，母驴可到 16 岁。

（11）西藏驴　产于西藏雅鲁藏布江中游和中上游流域、怒江、澜沧江、金沙江流域。

体格小，精悍，结构紧凑，体质结实干燥。被毛灰色、黑色居多，灰驴具鹰膀、背线和虎斑。体高成年公驴 98.7 厘米、成年母驴 98.8 厘米；初生公驴 71.4 厘米、初生母驴 69.2 厘米，1 岁之内生长迅速。

生产性能上，驮重 100 千克；性成熟公驴为 3 岁、母驴为 3 岁；初配年龄公驴为 4 岁、母驴为 4 岁；两年产一胎，终生产 7～8 头驹；适应性强，具有抗寒、抗病能力，在海拔 4 000 米的高寒地区能正常生活。

五、驴的场地与建设

33 驴场选址对外部条件有何要求？

驴场场址的选择直接关系饲养的效益，因此在建场前，一定要认真考察，合理规划，根据生产规模及发展远景，全面考虑其布局。

（1）地形与地势　场址应选在地势较高、地面干燥、排水良好、背风向阳的地方。

（2）远离居民区、工业区和矿区　驴场与居民点之间的距离应保持在 1 500 米以上，最短距离不宜少于 1 000 米。各类养殖场相互间距离应在 2 000 米以上。

（3）交通便利、利于防疫　驴场要求交通便利，但为了防疫卫生及减少噪声，驴场离主要公路的距离至少要在 1 000 米以上。同时，修建专用道路与主要公路相连。

（4）电力供应和通讯条件良好　要求电力安装方便及能保证 24 小时供电，必要时必须自备发电机来保证电力供应。

（5）气候条件适宜　根据原产地的气候条件及饲养地的气候条件来选择适宜的肉用驴品种，尤其是采用开放型或半开放型饲养的品种，如地方性品种、从国外引进的品种等。否则，过于炎热或寒冷的气候不仅影响驴的生产，还可能影响驴的寿命。

（6）考虑当地农业生产结构　为了使驴养殖与种植业紧密结合，在选择养殖场外部条件时，一定要选择种植业面积较广的地区来发展畜牧业。

34 驴场选址对水源条件有何要求？

水源的种类有地面水、地下水及降水，自来水也是养殖场的理想水源。

（1）饮用水的卫生要求和水质标准

①饮用水的卫生要求　饮水中不含病原体和寄生虫虫卵，不会引起传染病的介水流行或传播寄生虫病；水中所含有毒物质的浓度和微量元素的含量不会引起急、慢性中毒，以及潜在的致突变、致癌和致畸作用；水质感官无色、无味、无臭。

②畜禽饮用水水质标准　按照《无公害食品　畜禽饮用水水质》标准执行。

③人员生活饮用水水质标准　按中华人民共和国卫生部和中国国家标准化管理委员会联合于 2006 年 12 月 29 日发布，2007 年 7 月 1 日实施的生活饮用水卫生标准执行。

（2）地面水水质卫生要求　地面水质要求见表 5-1。

表 5-1　地面水水质卫生要求

指　标	卫生要求
悬浮物质	含有大量悬浮物质的工业废水，不得直接排入地面水，以防止无机物淤积河床
色、嗅、味	不得呈现工业废水和生活污水所特有的颜色、异臭或异味
漂浮物质	地面水上不得出现较明显的油沫和浮沫
pH	6.5～8.5
生化需氧量	3～4 毫克/升（5 天，20℃测定量）
溶解氧	不低于 4 毫克/升
有害物质	不超过各有关规定的最高允许浓度
病原体	含有病原体的工业废水，必须经过处理和严格消毒，彻底消灭病原体后再排到地面

35 驴场水源如何进行净化与消毒？

天然水中经常会有泥沙、有机悬浮物、盐类及病原微生物等。为使水质达到卫生要求，保证饮用安全，应将水进行净化与消毒。

（1）混凝沉淀　铝盐（如明矾、硫酸铝等）和铁盐（如硫酸亚铁、三氯化铁）混凝剂加入水中，能与水中重碳酸盐结合生成带正电荷的胶状物，带正电荷的胶状物与水中带负电荷的胶体粒子相互吸引后，凝集成较大的絮状物而沉淀，从而使水得到净化。硫酸铝的用量为50～100毫克/升。

（2）过滤　常用的滤料是沙，集中式给水可修各种形式的沙滤池，分散式给水可在河、塘岸修建各种形式的渗水井。

（3）消毒　常用消毒剂为漂白粉。按水的体积来计算，一般井水的需氯量为0.5～1.5毫克/升。消毒时，将需要的漂白粉用水配成0.5%～0.7%的氯溶液，把澄清液倒入水中并搅拌。

36 驴场如何规划布局？

驴场通常分为生产区、管理区、生活区和病驴隔离治疗区。四个区的布局直接关系驴场的劳动生产效率、产区的环境状况和兽医防疫水平，进而影响经济效益。

（1）生产区　生产区主要包括驴舍、运动场、积粪场，这是驴场的核心，应设在场区地势较低的位置。驴舍之间要保持适当的距离，一般要求两栋畜舍间距离（日照间距）应为畜舍高度的1.5～2倍。畜舍布局既要整齐，以便防疫和防火；又要适当集中，以节约水、电线路和管道，缩短饲草、饲料及粪便运输距离，便于科学管理。除了生产区以外，还有生产辅助区，包括饲料库、饲料加工车间、青贮池（窖）、机械车辆库、采精授精室、液氮生产车间、干草棚等。饲料库、干草棚、加工车间的青贮池（窖）离驴舍要近些，以便于运输草料，降低劳动强度。但必须防止驴舍和运动场内的污水渗入而污染草料，因此一般应建在地势较高处。

生产区和管理区之间的距离，大型场为200米左右，中、小型场为50～100米。

活动区和生产区之间的距离，大型场不少于300米，中、小型场不少于100米。

种畜区和商品畜区之间的距离，大型场至少200米，中、小型场至少100米。

病畜管理区和畜舍应相距300米以上，并严格隔离。

积粪场（池）应与居民区、住宅区保持200米，与畜舍保持100米的卫生间距。

生产区和辅助生产区要用围栏等与外界隔离。大门口设传达室、消毒室、更衣室和车辆消毒池，严禁非生产人员出入场内，人员出入必须经消毒室或消毒池进行消毒。

（2）管理区　包括办公室、财务室、接待室、档案资料室、活动室、实验室、化验室等。

（3）生活区　应建在养殖场上风口和地势较高的地段，以保证生活区良好的卫生环境。

（4）病驴隔离治疗区　包括兽医诊疗室、病驴隔离室，设在下风口、地势较低处，应与生产区距离100米以上。病驴隔离治疗区内有单独通道，以便于隔离、消毒和处理污物等。

37 驴舍的建筑形式有哪些？

（1）封闭式驴舍　封闭式驴舍四面有墙和窗户，顶棚全部覆盖（彩图6），分单列封闭式驴舍和双列封闭式驴舍。

①单列封闭式驴舍　只有一排驴床，舍宽6米、高2.6～2.8米，舍顶既可修成平顶也可修成脊形顶。这种驴舍跨度小，易建造，通风好，但散热面积相对较大，适用于小型驴场。

②双列封闭式驴舍　舍内设有两排驴床，多采取头对头式饲养，中央为通道。舍宽12米、高2.7～2.9米，脊形棚顶。该类型驴舍适用于规模较大的驴场，以每栋舍饲养100头驴为宜。

（2）半开放驴舍　半开放驴舍三面有墙，向阳一面敞开，有部分顶棚，在敞开一侧设有围栏，水槽、料槽设在栏内，驴散放其中（彩图7）。每舍（群）饲养15～20头驴，每头驴占地面积4～5米^2。这类驴舍造价低，而且节省劳动力，但防寒效果不佳。

（3）塑膜暖棚驴舍　塑膜暖棚驴舍属于半开放驴舍的一种，是近年北方寒区推出的一种较保温的半开放驴舍。与一般半开放驴舍比，该类型驴舍保温效果较好。塑膜暖棚驴舍三面全墙，向阳一面有半截墙，有1/2～2/3的顶棚，在温暖季节露天开放；寒冷季节在露天一面用竹片、钢筋等材料做支架，上覆单层或双层塑膜，两层膜间留有间隙，使驴舍呈封闭的状态，借助太阳能和驴体自身散发热量，使驴舍温度升高，防止热量散失。

（4）开放式驴舍　用此类型驴舍饲养时，驴在不拴系、无固定床位和较大区域的空间中自由采食、自由饮水和自由运动，同时橡胶垫的高弹性和干燥性，也增加了驴群的舒适度。本类型驴舍通风良好，舍内外空气质量好，劳动生产率高，驴群疾病发生率低等（彩图8）。

38 驴舍建筑的环境要求有哪些？

（1）温度　驴舍内适宜温度为大驴5～31℃、小驴10～24℃。为控制适宜的温度，炎夏应搞好防暑降温工作，严冬应搞好防寒保温工作。

（2）湿度　舍内相对湿度以50%～70%为宜。

（3）气流（风）　夏季气流能减少炎热，而冬季气流则加剧寒冷，因此在冬季舍内的气流速度不应超过0.2米/秒。

（4）光照　光照对调节驴生理功能有很重要的作用，缺乏光照会引起生殖功能障碍，出现不发情。驴舍一般为自然采光，夏季应避免直射光，以防舍温升高；冬季为保持驴床干燥，光应直射到驴床上。由于进入驴舍的光受屋顶、墙壁、门、窗、玻璃等影响，强度远比舍外少，因此长期饲养在密闭驴舍内的驴群，其饲料利用率往往较低。

(5) 有害气体卫生指标　氨浓度不应超过0.002 6%，硫化氢浓度不应超过0.000 66%，一氧化碳浓度不应超过0.002 41%，二氧化碳浓度不应超过0.15%。除二氧化碳外，其他均为有毒有害气体，超过卫生指标许可就会给驴带来严重损害。二氧化碳虽为无毒气体，但驴舍内含量过高时驴的健康也会受到影响，使驴生产能力下降。

39 驴舍建筑的建设要求有哪些？

驴舍建筑，要根据当地的气温变化和驴场生产用途等因素来确定。不仅要经济实用，而且要符合兽医卫生要求。

(1) 用地面积　土地是驴场建设的基本条件，土地利用应以经济和节约使用为原则，不同地区不同类型的土地价格不同，总体可按每头占地15米^{2}计算（包括生活区）。

(2) 地基　土地坚实、干燥时，可利用天然的地基。若是疏松的黏土，则需用石块或砖砌好地基并高出地面，地基深80～100厘米。地基与墙壁之间最好要有油毡绝缘防潮层，防止水汽渗入墙体，同时也能提高墙的坚固性和保温性。

(3) 墙壁　砖墙厚50～75厘米。从地面算起，应抹100厘米高的墙裙。在农村也用土坯墙、土打墙等，但从地面算起应砌100厘米高的石块。土墙虽然造价低、投资少，但不耐用。

(4) 顶棚　北方寒冷地区，顶棚应用导热性低和保温的材料，距地面350～380厘米。南方则要求防暑、防雨并通风良好。

(5) 屋檐　屋檐距地面为280～320厘米。屋檐和顶棚太高，不利于保温，过低则影响舍内光照和通风，高度可根据各地最高温度和最低温度自行决定。

(6) 门与窗　驴舍的门应坚实牢固，高2.1～2.2米、宽2～2.5米，不用门槛，最好设置成双开门。一般南窗数量较多、面积较大（100厘米×120厘米），北窗数量则宜少、面积较小（80厘米×100厘米）。驴舍内的阳光照射量受驴舍方向，窗户形式、大小、位置，反射面的影响，窗台距地面高度为120～140厘米。

（7）驴床　驴床是驴吃料和休息的地方，其长度依驴体大小而异。成年母驴驴床长1.8～2米、宽1.1～1.3米；成年种公驴驴床长2～2.2米、宽1.3～1.5米；育肥驴驴床长1.9～2.1米、宽1.2～1.3米；6月龄以上育成驴驴床长1.7～1.8米、宽1～1.2米。驴床应保持平缓的坡度，一般以1.5%为宜。槽前端位置高，以利于冲刷和保持干燥。

驴床类型有下列几种：

①水泥及石质驴床　其导热性好，比较硬，造价高，清洗和消毒方便。

②沥青驴床　保温好并有弹性，不渗水，易消毒，遇水容易变滑，修建时应掺入煤渣或粗沙。

③砖驴床　用砖立砌，用石灰或水泥抹缝。导热性好，硬度较高。

④木质驴床　导热性差，容易保暖，有弹性且易清扫；但容易腐烂，不易消毒，造价也高。

⑤土质驴床　先将土铲平，夯实，上面铺一层沙石或碎砖块，然后再铺层三合土，夯实即可。这种驴床能就地取材，造价低，并具有弹性，保暖性好，能护蹄。

（8）通气孔　通气孔一般设在屋顶，大小因驴舍类型不同而异。单列式驴舍通气孔面积为70厘米×70厘米，双列式驴舍通气孔面积为90厘米×90厘米。北方驴舍通气孔总面积为驴舍面积的0.15%左右。通气孔上面设有活门，可以自由启闭。通气孔应高于屋脊0.5米或在房的顶部。

（9）尿粪沟和污水池　为了保持舍内清洁和清扫方便，尿粪沟应不透水，表面应光滑。尿粪沟宽28～30厘米，深15厘米，倾斜度1∶（100～200）。尿粪沟应通到舍外污水池。污水池应距驴舍6～8米，其容积以驴舍大小和驴的头数多少而定，一般可按每头成年驴0.3米^3、每头驹驴0.1米^{3}计算，以能贮满1个月的粪尿为准，每月清除1次。要保持尿粪沟畅通，并定期用水冲洗。

（10）通道　对头式饲养的双列驴舍，中间通道宽度应以送料车能通过为原则，多修成水泥路面，路面应有一定坡度，并刻上线条防滑。若建道槽合一式驴舍，则一般道宽3米（含饲槽宽）。

（11）饲槽　饲槽设在驴床的前面，有固定式和活动式两种，以固定式的水泥饲槽最适用。其上宽60～80厘米、底宽35厘米，底呈弧形；槽内缘高35厘米（靠驴床一侧）、外缘高60～80厘米（靠走道一侧）。

40 驴场建筑物的配置要求有哪些？

养殖场内建筑物的配置要因地制宜，既便于生产和管理，又便于防疫等。

（1）驴舍　驴舍设计在东北三省、内蒙古、青海等地主要是防寒，在长江以南则以防暑为主，驴舍的形式依据饲养规模和饲养方式而定。驴舍的建造应便于饲养管理、采光和防疫；夏季便于防暑、冬季便于防寒。但修建无公害驴舍时，为了便于驴舍通风换气，应交叉配置多栋驴舍。当驴舍超过4栋时，可以2行交叉配置，前后对齐，相距20米以上。

①成驴舍　成驴舍是驴场建筑中最重要的组成部分之一，对环境的要求相对也较高。成驴舍在驴场中占的比例最大，而且直接关系驴的健康和生产水平。拴系成驴舍和散栏成驴舍的平面形式可以驴床排列形式来进行分类，基本有单列式、双列式和多列式。

②产驹舍　产驹舍是驴产驹的专用驴舍，包括产房和保育间。产房要保证有成驴10%～13%的床位数。产驹舍设计要求驴舍冬季保温好，夏季通风好，舍内要易于进行清洗和严格消毒。

③驴驹舍　驴驹在舍内按月龄分群饲养，一般可采用单栏、驴驹岛群栏饲养。

④青年驴舍　6～12月龄的青年驴，可在通栏中饲养。青年驴的饲养管理比驴驹粗放，主要是培育能适时配种的母驴（一般首次配种时体重约为成年驴的70%）。根据驴场情况，驴可单栏或群栏

饲养，妊娠 5～6 月前进行修蹄，产前2～3 天转入产房。

⑤公驴舍　公驴舍是单独饲养种公驴的专用驴舍。种公驴体格健壮，一般采用单间拴养。公驴舍对建筑保温性能要求不高，可采用单列开敞式建筑，地面最好铺木板护蹄，公驴在单独固定的槽位上喂饲。如果建立种公驴站，则一般包括冻精生产区、驴舍区和生活行政区等。其中，驴舍区一般包括驴舍、运动场、地秤间、驴洗澡间、装运台、病驴舍、兽医室、修蹄架、草料库。

⑥病驴舍　病驴舍建筑与乳驴舍相同，是对已经发现有病的驴进行观察、诊断、治疗的驴舍，驴舍出入口处均应设消毒池。

（2）饲料库　应建在每栋驴舍的附近，而且位置稍高。

（3）干草棚及草库　尽可能地设在下风向地段，与周围房舍至少保持 50 米以上的距离，要单独建造。既要防止晒草影响驴舍环境美观，又要达到防火安全。

（4）青贮窖或青贮池　建造选址原则同饲料库。要求位置适中，地势较高，以防止粪尿等污水浸入；同时，要考虑出料时的方便性，以减小劳动强度。

（5）兽医室　病驴舍应设在养驴场下风口，而且相对偏僻一角，便于隔离，减少空气和水的传播污染。

（6）办公室和宿舍　设在驴养殖场之外地势较高的上风口，以防空气和水的污染及疫病传染。养驴场门口应设保卫门、消毒室和消毒池。

（7）其他设备　驴场常用的机械设备有饲料粉碎机、青干草切草机、块根饲料洗涤切片机和潜水泵等。此外，还有筛草用的筛子、淘草用淘草缸（或池）、饮水用的饮水缸（或槽）、刷拭驴体的刷子等；同时，为了生产和运输饲料等还需备有一定数量的汽车和拖拉机等。

（8）堆粪场与装卸台　一般 500 头的驴场其堆粪场面积为 50 米×70 米，堆高 1 米，可存放驴粪 1 000 吨。装卸台可建成长 8 米、宽 3 米的驱赶驴的坡道，坡的最高处与车厢底平齐。

（9）地下排出管　与排尿管呈垂直方向，用于将尿液及污水导入驴舍外的粪水池中，因此需向粪水池方向留3%～5%的坡度。在寒冷地区，地下排出管的舍外部分需采取防冻措施，以免管中污液结冰。如果地下排出管自驴舍外墙至粪水池的距离大于5米，则应在墙外修一口检查井，便于在管道堵塞时进行疏通。注意在寒冷地区，要检查井的保温。

（10）粪水池　粪水池应设在舍外地势较低的地方，且在运动场相反的一侧。距驴舍外墙不小于5米，须用不透水的材料做成。粪水池的容积及数量根据舍内驴的种类、饲养数量、舍饲期长短与粪水贮放时间来确定，一般按贮期20～30天、容积20～30米^{3}来修建。粪水池一定要建在饮水井100米以外的地方。

（11）运动场　饲养种驴、驴驹的舍，多在两舍间的空余地带设有运动场，其四周用栅栏围起，可以用钢管建造，也可用水泥桩柱建造，要求结实耐用。运动场的大小应以驴舍长度一致对齐为宜，这样不仅整齐美观，而且能充分利用地皮。将驴拴系或散养其内，每头驴占地面积成驴为15～20米^2、育成驴为10～15米^2、驴驹为5～10米^2。同时，运动场边应设饮水槽。槽长3～4米，上宽70厘米、底宽40厘米，高40～70厘米，每25～40头驴应有一个饮水槽。运动场内还应设置补饲槽，要求数量充足，布局合理，以免驴争食、争饮、顶撞。

运动场应在三面设排水明沟，并向清粪通道一侧倾斜，在最低的一角设地井，保证平时和汛期排水畅通。

41 驴场的环境绿化有哪些要求？

驴场要因地制宜、统一布局，进行植树、栽花、种草，以绿化驴场环境。

（1）规划场区林带　在场区周边种植乔木、灌木混合林、刺篱笆，起美化环境、防风固沙的作用。

（2）设置场区隔离带　生产区、生活区及管理区的四周，都应设置隔离林带，一般可栽种杨树、榆树等，其两侧种灌木，以起到隔离的作用。

（3）道路绿化　宜用塔柏、冬青等四季常青树种进行绿化，并配置小叶女贞或黄杨形成绿化带。

（4）建设运动场遮阳林　运动场的南、东、西三侧，应设1～2行遮阳林。一般可选择枝叶开阔、生长势强、冬季落叶后枝条稀少的树种，如杨树、槐树、法国梧桐等。

六、驴的鉴定与挑选

42 驴的外形各部位名称都是什么？

了解驴的外部名称是驴外形鉴定的基础知识。一般将驴体分为头颈、躯干和四肢三大部分。每个部分又分为若干小的部位，各部位均以相关的骨骼作为支撑基础（图 6-1）。

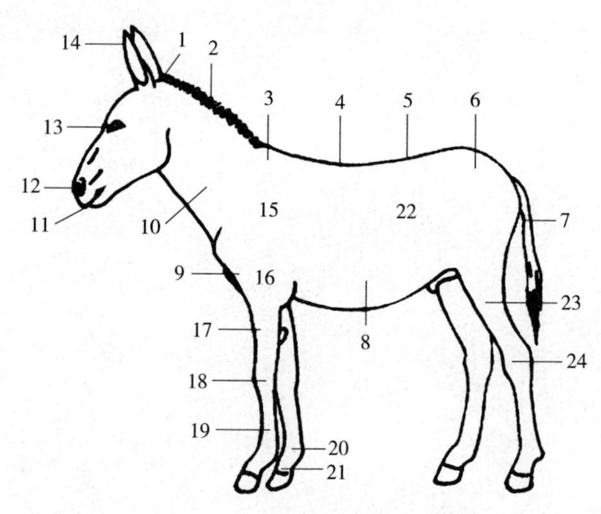

图 6-1　驴的外形各部位名称

1. 颈部　2. 鬣毛　3. 鬐甲　4. 背部　5. 腰部　6. 尻部　7. 尾　8. 腹部　9. 肩端　10. 颈部　11. 口　12. 鼻　13. 眼　14. 耳　15. 肩部　16. 上膊　17. 前膊　18. 前膝　19. 管部　20. 球节　21. 系部　22. 肷部　23. 胫部　24. 飞节

（1）头颈部　头部以头骨为基础，大脑、耳、鼻、眼、口等重要器官均位于头部。颈部以 7 块颈椎为基础。

（2）躯干部　除头颈、四肢及尾以外的部位都属于躯干部。

（3）四肢部　驴的前肢部位及相应的骨骼由下列几部分组成：肩部（肩胛骨）、上膊部（肱骨）、前膊部（桡骨、尺骨、尺骨上端突起为肘突、外部名称为肘端）、前膝（腕骨）、管部（掌骨）、系部（系骨）、蹄冠部（冠骨），在掌骨下端附有籽骨、上籽骨构成驴的球节。蹄骨外两侧有蹄软骨，外边形成帽状蹄匣。后肢分为股部（股骨）、胫部（胫、腓骨）、后膝（膝盖骨）、飞节（跗骨）、后管部（跖骨）。其以下部位同前肢。

驴外貌部位的优劣与相关骨骼结构的好坏有关，骨骼在驴体外貌鉴定上起重要作用。

43 如何从驴的体质类型选驴？

（1）紧凑型　头清秀轻小，颈细长；皮薄毛细；尾毛稀疏；腹部紧凑，无凹腰垂腹，多斜尻；四肢较细，关节明显，筋腱分明；精神好，反应灵敏。俗话说的“头干、腿干、尾巴干”“流水腚”“明筋亮骨”，就是紧凑、干燥的表现。此类母驴具有良好的繁殖性能，但肉用性能较差。

（2）疏松型　头重，颈粗短；皮厚毛粗；尾巴大；腹部大而充实，无斜尻；四肢粗重，筋腱不甚分明。此类驴反应迟钝，采食消化力强，容易上膘，适合作为肉驴育肥。

例如，德州驴中的“三粉”驴，结构紧凑，动作灵活，其体质类型即为紧凑型；德州驴中的“乌头”驴，骨骼粗壮，动作迟钝，其体质类型为疏松型。

44 如何从驴的外形选驴？

（1）头部　头是驴体的重要部位，眼、耳、口、鼻和大脑中枢神经均集中在头部。鉴定驴头部，应注意头的形状、大小、方向及与颈的结合。整体要求是：方额大脑，平头正脸，明眸大眼，齐牙对口。对于头各部位的具体要求如下：

①耳　应是竖立而略微开张的倒“八”字形。要小、薄而直立，大而下垂者为不良。

②眼　眼球应饱满，大而有光泽，“目大则心大”的驴大胆而温驯。

③鼻　鼻孔大，则肺活量大。应鼻孔开张，鼻翼灵活，便于呼吸者为良。健康驴的鼻黏膜为粉红色，如有充血、溃烂、脓性鼻漏、呼吸恶臭等现象，则为不健康的象征。

④口　嘴齐而大，口角要深，吃草快，嘴尖者为不良。鉴定时应注意口腔黏膜、舌体是否正常，口腔中有无异臭，牙齿排列是否正常。

⑤颌凹　俗称“槽口”，宽大者，能吃能喝，“槽口宽，肚儿圆”。

（2）颈部　颈的长短、粗细反映了驴的体质类型。要求颈部要长、粗适中，与其他部位协调匀称。一般驴的颈长与头相当，或头略大于颈长。颈部分为“大脖”和“小脖”，“大脖”为颈部与肩胛相接的部分，“小脖”为颈部与头部相接的部分。小脖要细，则头部清秀；大脖要粗，则胸腔发育良好。粗短且上下一致的颈，群众称为“肉脖子”，这种驴有较好的肉用性能。

45 如何从驴的躯干部选驴？

躯干部包括肩胛部、背部、腰部、尻部、胸部、腹部、肷部和生殖器等。

（1）肩胛部　这一部位主要是鉴定鬐甲的结构和肩胛骨的长度、形状等。要求鬐甲高而长，结构坚实，中间不能有缝隙。肩胛骨要长而且向左右开张，以使胸部加深加宽。

（2）背部　以短为好，背短则坚固，负力强，有利于后肢推进力前移。背过长则减弱背的负力，并降低后肢的推进作用，从而影响速力。背宽而肌肉越发达，背的坚实性就越强，有利于速度和挽力的发挥。窄尖的背，骨骼发育不足，肌肉贫乏，胸腔容积小，体力不足。

（3）腰部　腰为前后躯的桥梁，无肋骨支持，因而构造更应坚实。短、宽者为最好，腰部应和背同宽，肌肉发达。腰和尻结合良好，前后呈一直线。8厘米长的为短腰，9～12厘米长的为中等长的腰，13厘米以上者为长腰。腰短而宽，则肌肉发达，负重力强，并能很好地将后躯的推进力传到前躯；腰过长，则肌肉不发达，是驴的严重缺点。

（4）尻部　尻为后躯的主要部分，以骨盆、荐骨及强大肌肉为基础。和后肢以关节相连，其构造好坏和驴的生产性能有很大关系。尻以大而圆为好。

（5）胸部　胸部为心脏和肺脏的所在地，其发育程度、容积大小与驴的生产性能有密切关系。鉴定胸部的好坏，要依胸深、胸宽来进行评定。依前胸的宽度，分宽胸、窄胸和中等胸。驴站立，两蹄之间的距离大于一蹄的为宽胸；仅能容纳一蹄的为中等胸；小于一蹄的为窄胸。胸宽以具有适当的宽度为宜。胸的形状，分为良胸、鸡胸和凹胸。良胸肌肉发达，胸前与肩端成一水平面或略空出；鸡胸和凹胸都是缺点。

（6）腹部　正常腹部，应是腹线前段和胸下线成同一直线，后段逐渐移向后上方。两侧紧凑充实，与前后躯呈同一平面。垂腹、草腹、卷腹都为不良腹型。

（7）肷部　位于腰两侧，在最后一根肋骨之后和腰角之前，也叫肷窝。它的大小与腰的长短有关，腰短者则小，长者则大。肷窝以看不出为好，大而沉陷者为不良。

（8）生殖器　对公驴应特别注意睾丸的发育情况，此作为首条鉴定项目。睾丸要大小适当，有弹性，能活动于阴囊内，左右大小差不多。有隐睾、单睾者都不能作为种用。对母驴应检查外阴部和乳房，阴唇应闭严，乳房应发达，乳头大略向外开张。

46 如何从驴的前肢和肢势选驴？

前肢既是驴体的主要支持点，又是运动的前导部位。要求前肢骨及关节发育良好，干燥结实，肌肉发达，肢势正常。

（1）肩部　鉴定时观察其长度、斜度和肌肉状况。肩的长度与胸深相关，胸深则肩长；肩的斜度与肩的长度有关，长肩则斜，与地面的角度小。长而斜、肌肉发育良好的肩，可使前肢举扬、步幅大，有弹性，为理想肩，角度一般以54°～56°为宜。

（2）上膊　上膊短而倾斜，肌肉发育良好，有利于前肢屈伸，长度为肩长的1/2。

（3）肘　以尺骨头为基础，要求长而大，这样附着肌肉也就强大。肘头要正直，对胸襞要适当离开，其方向应和体轴平行，不可内转和外转。过于靠近胸襞者，常有内向肢势。肘关节的角度为140°～150°。

（4）前膊　要长而直，肌肉发达，长则步幅大，直则肢势正，前膊长为体高的1/5以上。

（5）前膝　由腕骨构成，是直接承受体重和下方反冲力的重要关节。需长、广、厚而干燥，轮廓明显，方向正直，无弯膝、凹膝等不正肢势。

（6）管　以掌骨与屈腱为基础。侧望要直而广，屈腱之间有明显的沟，表现体质干燥而结实。管直则肢势正，管广便于支持体重。鉴定时注意管部有无管骨瘤等。

（7）球节　以广厚、干燥、方向端正为好，起弹力的作用，使前肢冲击地面时得以缓和地面的反冲力。

（8）系　其长短、粗细和斜度，对系的坚实性、腱的紧张程度及运步的弹性等有很大关系，系与地面的斜度以65°～70°为宜。过长过斜形成卧系，易使屈腱疲劳；过短过直形成立系，弹性小，易使系受损，形成指骨瘤。系骨一般为管骨的1/3，从前看时系和管在同一垂直线上。

（9）蹄冠　位于蹄上缘，以皮薄毛细、无骨瘤、无肿胀为好。

（10）前肢肢势　前肢正肢势为：从肩端中点做垂线，平分前膊、膝、管、球节、系、蹄；侧望从肩胛骨上1/3的下端做垂线，通过前膊、腕、管、球节，而落在蹄的后方。正肢势的驴运步正确，可发挥强的工作能力；前肢不正肢势为：前望时两前肢斜向垂线内侧者为狭踏肢势。两前肢斜向垂线外者，为广踏肢势。系蹄斜向内侧者为内向肢势，斜向外侧者为外向肢势。侧望时前踏、后踏及所有不正肢势，均为不良肢势，都影响驴的工作能力。

47 如何从驴的后肢和肢势选驴？

后肢以髋关节与躯干相连接，故可以前后活动。后肢弯曲度大，有利于发挥各关节的杠杆作用，并有较大的摇动幅度和推进力。

（1）股　既是产生后肢推进力的重要部位，也是肌肉最多的部位。在鉴定时要求肌肉以长、粗者为优。

（2）后膝　后膝以膝盖和股内下端、胫骨上端构成的关节为基础，应正直向前，并稍向外倾斜，与腰角在同一垂直线上，角度以120°左右为宜。

（3）胫　后肢胫部的作用相当于前肢的前膊，长短关系步幅的大小。股越长，则附着肌肉也长，步幅也越大，有利于速度和挽力的发挥。

（4）飞节　飞节的构造好坏对后肢推进力有重要影响，其方向应端正，不是内弧或外弧，以长而广为良，应干燥强大而无损征。当驴静止站立时，飞节的角度以160°～165°为宜。角度过大形成直飞节，过小形成曲飞节，这都是缺点。

（5）飞节以下　与前肢鉴定法相同。

（6）后肢肢势　后肢正肢势为：侧望，从髋关节引一垂线，通过胫的中部并落在蹄外缘的中部，系、蹄倾斜一致，与地面成60°～65°。后望，从臂端作垂线，通过胫而平分飞节、后管、球节、系、蹄。后肢不正肢势为：侧望，后肢伸向垂线的前方，为前踏肢势，曲飞节呈刀状肢势，轻度刀状肢势不算大缺点。后肢伸向垂线的后方，为后踏肢势，多是直飞节，步样不畅，缺乏推进力；后望两后肢管骨斜向垂线内侧，为狭踏肢势；斜向外侧为广踏肢势；两飞节突出在两垂线外者，为内弧肢势，同时伴随内向肢势；两飞节互相靠近在两垂线内的，为外弧肢势，同时伴随外向肢势。

（7）蹄　蹄的大小应与体躯相称，前蹄比后蹄稍大，略呈圆形，和地面的角度为35°～70°。驴的蹄质坚实而细致，蹄壁为黑色，表面光滑。检查时应注意蹄壁是否光滑，有无纵横裂纹。蹄形与肢势有关，不正肢势易造成蹄形不正。

48 如何从驴的长相选驴？

驴的长相是指驴的外貌，包括驴的外部形态，身体各部分的均匀、结实程度，以及驴对外界环境刺激的反应程度。从长相上一般可以了解驴的工作能力、适应性和健康状况等。

选驴时，要让它自然站立在平坦的地方。先距驴3～5米看驴长得是否匀称，各部位是否协调、对称，驴对外界环境的反应是否灵活、敏感等进行综合观察，以评定优劣。

49 如何从驴的走相选驴？

选驴时，还要注意它的走相，该项判定比立相还重要。

一般肢势和蹄形正确的驴，在运步时前后肢保持在同一平面上，呈正直方向前进；而因肢势不正、体型缺陷、患病等原因的驴都可表现出运步不正常的情况。驴运步时为内“八”字、外“八”字、飞节向外捻转、腿抬得过高、后蹄撞碰前蹄、左右蹄相碰等，都不能发挥正常的能力。

看走相，应在驴慢步前进时检查，必要时也可使其快跑时检查。要从前、侧、后方，看驴举肢、着地状态、前后肢的关系、步履的大小、运动中头颈的姿势、肩的摆动、腰是否下陷、驴的兴奋性及反应等。

50 如何从驴的毛色与别征选驴？

驴的毛色与别征是识别驴品种与个体的重要依据，是鉴定驴的重要项目之一。驴体上的毛分被毛、保护毛和触毛。被毛是分布在驴体表面的短毛，其在每年的春末脱换成短而稀的毛，晚秋又长成长而密的毛。同时出现的不定期被毛脱换，多是由于营养及一些病理的因素造成的。保护毛亦称长毛，为鬃、鬣、尾、距毛等。触毛分布在唇、鼻孔和眼周围，全身被毛中也有少量散在分布。

（1）驴的毛色

①黑色　全身被毛和长毛基本为黑色。但依据特点又分为下列几种：

A. 粉黑　亦称“三粉色”或“黑燕皮”，陕北称之为“四眉驴”。该颜色的驴全身被毛和长毛均为黑色，且富有光泽，唯口、眼周围及腹下是粉白色，黑白之间界限分明者称“粉鼻、亮眼、白肚皮”。这种毛色为大、中型驴的主要毛色。粉白色的程度往往不同。一般幼龄时，多呈灰白色，到成年时逐渐显黑。有的驴腹下粉白色面积较大，甚至扩延到四肢内侧、胸前、颌凹及耳根处。

B. 皂角黑　此毛色与粉黑基本相同，唯毛尖略带褐色，如同皂角之色，故叫“皂角黑”。

C. 乌头黑　全身被毛和长毛均呈黑色，亦富有光泽，但不是“粉鼻、亮眼、白肚皮”。这叫乌头黑，或叫“一锭墨”。山东德州大型驴的毛多此毛色。

②灰色　被毛为鼠灰色，长毛为黑色或接近黑色。眼圈、鼻端、腹下及四肢内侧色泽较淡，多具有“背线”（亦叫骡线）、“鹰膀”（肩部有一黑带）和虎斑（前膝和飞节上有斑纹）等特点。一般小型驴多呈此毛色。

③青色　全身被毛是黑白毛相混杂，腹下和两肋有时是白色，但界限不明显。往往随着年龄的增长而白毛增多，老龄时几乎全成白毛，叫白青毛。还有的毛色基本为青毛，而毛尖略带红色，叫红青毛。

④苍色　被毛及长毛为青灰色，头和四肢的毛颜色浅，但不呈“三粉”分布。

⑤栗色　全身被毛基本为红色，口、眼周围，腹下方四肢内侧毛色较淡，或近粉白色，或接近白色。原在关中驴和泌阳驴中有此色，现已难觅。

除上述主毛色外，还有银河色，即全身短毛呈淡黄或淡红色；

白毛（白银河），全身被毛为白色，皮肤粉红，终生不变；花毛，在有色毛基础上有大片白斑，但这些毛色在我国驴种中都很少出现。

（2）别征　别征有白章和暗章之分。白章指头部和四肢下端的白斑，驴很少见。而暗章，除在灰色小型驴种中经常出现的“背线”“鹰膀”“虎斑”外，在中、小型灰驴耳朵周缘常有一黑色耳轮，耳根基部有黑斑分布，将其称之为“耳斑”，这也属于暗章。

51 如何从驴的外貌判断驴的老幼？

年龄是一个重要的生物学指标，可影响驴的繁殖、产品的生产和经济利用的水平。随着年龄的增长，驴的遗传特性和潜力都会发生改变。年老的公驴和母驴将性状遗传给后代的能力减弱。在一个群体中，如果长期使用年老的公驴和母驴，则将会引起总的繁殖性能降低、寿命缩短，并且可能产生怪胎。因此，老驴之间不能交配，年轻的公驴与老龄母驴不能交配，不能利用父母均是老驴产生的后代作为种用驴，这简称“三不”原则，但可以用老龄的母驴与公马交配生骡。

为保持驴群的高繁殖性能，一般适龄繁殖母驴数应占驴群母驴数的50%～70%。

驴的老、幼从外貌上大致可以分辨出来：

（1）幼龄驴　颈短，身短而腿长，皮肤紧、薄有弹性，肌肉丰满，被毛富有光泽。短躯长肢，胸浅。眼盂饱满，口唇薄而紧闭，额突出丰圆。鬃短直立，鬐甲低于尻部。驴在1岁以内，额部、背部、尻部往往生有长毛，毛长可达5～8厘米。

（2）老龄驴　皮下脂肪少，皮肤弹性差。唇和眼皮都松弛下垂，多皱纹，眼窝塌陷，额和颜面散生白毛。前后肢的膝关节和飞节角度变小而多呈弯膝。阴户松弛微开。背腰不平，下凹或凸起。动作不灵活，神情呆滞，动作迟缓。

从外观上仅能判断驴的大致年龄，详细的年龄还要根据牙齿的变化而判定。

52 如何从驴的牙齿判断驴的年龄？

（1）鉴定方法　驴站好后，鉴定人站在驴的左侧，右手抓笼头，左手托嘴唇，触摸上下切齿是否对齐；而后掰开上、下颌（注意要防止被驴咬伤），观察切齿的发生、脱换、磨灭和臼齿磨损情况，驴年龄的鉴定主要依据是切齿的发生、脱换及磨灭的规律。

（2）驴牙齿的数目、形状及构造　驴的齿数及名称见表 6-1，驴的切齿共 12 枚，上、下各 6 枚。最中间的 1 对叫门齿，紧靠门齿的 1 对叫中间齿，两边的 1 对叫隅齿（图 6-2）。

表 6-1　驴的齿式

上颌/下颌	左后臼齿/左后臼齿	前臼齿/前臼齿	犬齿/犬齿	切齿/切齿	犬齿/犬齿	前臼齿/前臼齿	左后臼齿/左后臼齿	合计齿数
公驴	3 3	3 3	1 1	6 6	1 1	3 3	3 3	40
母驴	3 3	3 3	0 0	6 6	0 0	3 3	3 3	36

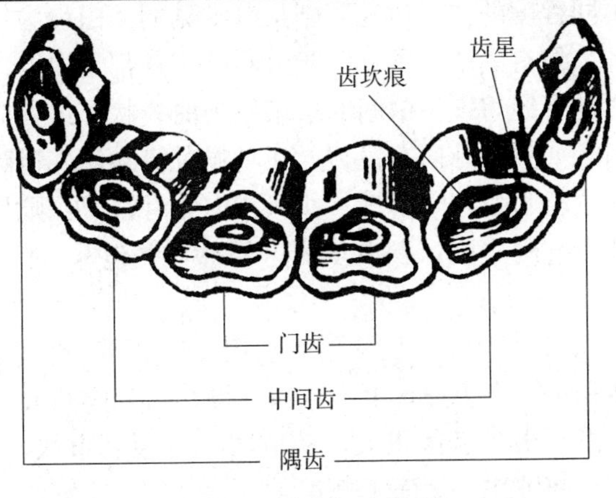

图 6-2　驴的切齿排列

驴的牙齿由最外层颜面发黄的垩质、中间的釉质层和最内层的齿质构成（图 6-3）。釉质在齿的顶端形成了一个漏斗状的凹陷，叫齿坎。齿坎上部呈黑褐色，叫黑窝。黑窝被磨损消失后，在切齿的磨面上可见有内、外两釉质圈，叫齿坎痕。齿髓腔中不断形成新的齿质，切齿就不断向外生长。由于齿髓腔上端不断被新的齿质填充，颜色较深，叫齿星。

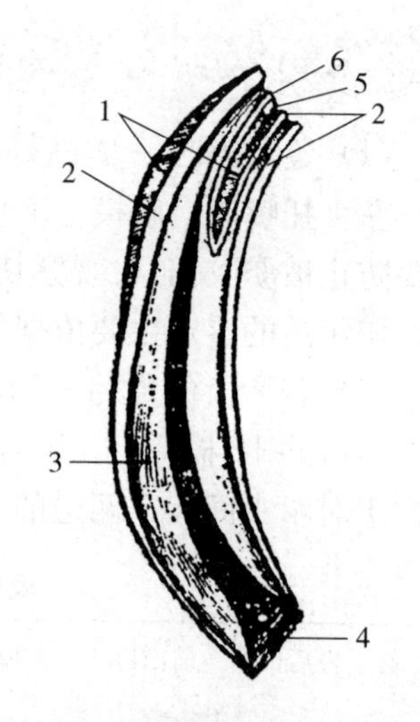

图 6-3　驴牙齿的结构

1. 垩质　2. 釉质　3. 齿质

4. 齿髓腔　5. 黑窝　6. 齿坎

在购驴时，一定要分清黑窝、齿坎痕或齿星。如果把齿星看成是齿坎痕，就会把老龄驴判定为青年驴；若当成黑窝就更错了。

正常驴要求上下切齿垂直对齐为最好，但一般不齐的较多。上排长于下排，称“盖口”或“天包地”；如下排长于上排，称“兜齿”或“地包天”。这两种情况都不好，尤以“地包天”为重，但少见，而不同程度的“天包地”则是较常见的。臼齿为每边上、下各 6 颗对齐，但有的“六顶五”“五顶六”，这都是缺点。良好的臼齿应该两边都有锐刃，齿中间的珐琅质为曲线状，这种驴具有良好的咀嚼能力。如只在外面有锐刃，在咀嚼时容易使未嚼碎的草滑至口内，需再重新咀嚼，吃草慢；如只在内面有锐刃，则易使未嚼碎的草滑到牙齿与腮之间，积成草团，俗称“攒包”，是一个很大的缺点。

（3）乳齿与永久齿　观察牙齿情况，首先要分清乳齿和永久齿。乳齿体积小，颜色白，上有数条浅沟，齿列间隙大，磨面呈较正规的长方形；永久齿体积大，颜色黄，齿冠呈条状，上有 1～2 条深沟，齿列间隙小，磨面不规正。

（4）切齿的脱换顺序　正常 3 岁 1 对牙，4 岁 4 颗牙，5 岁齐口。公驴在 4 岁半时出现犬齿。此时看口比较容易，上、下切齿的角度垂直，齿面扁横。

（5）牙齿磨灭情况　切齿换齐后，看齿面上的渠和齿坎的磨灭情况。因下切齿的渠需用 3 年磨平，所以门齿黑窝消失，驴的年龄是 6 岁；中间齿黑窝消失是 7 岁；隅齿黑窝消失是 8 岁。群众有“七咬中渠，八咬边”之说。因下切齿齿坎的深度为 20 毫米，每年约磨损 2 毫米，所以下门齿齿坎磨平要 9～10 年，下中间齿齿坎磨平需 10～11 年。群众的经验是“中渠平，10 岁龄”。以后下门齿出现齿星，称为“老口”。当上、下切齿出现齿星后，再以齿切齿磨损情况判定驴的年龄已相当困难，在生产中也没有实际意义。驴的年龄鉴别总结如表 6-2 所示。

表 6-2　驴的年龄鉴别

牙齿变化顺序和主要特征	门齿	中间齿	隅齿
乳齿出现	1 周	2 周	7～10 个月
乳切齿坎磨平	1～1.5 岁	1.5～2 岁	
孔齿脱落，永久齿长出	3 岁	4 岁	5 岁
永久齿长成，开始磨平	4 岁	5 岁	6 岁
齿坎由类圆形向圆形过渡	7 岁	8 岁	
齿星出现，齿坎呈圆形开始向后缘移动	8 岁	9 岁	
下切齿坎磨平	10 岁	11 岁	12 岁
下切齿坎消失，齿星位于中央，呈圆形	13 岁	14 岁	15 岁
下切齿嚼面呈纵椭圆形	16 岁	17 岁	18 岁

（6）注意事项　牙齿的磨灭受以下许多条件的影响。

①牙齿的质地　墩子牙（直立较短，质地坚硬）由于上下牙对齐，磨面接触密切，因此黑渠易于磨掉，品齿显老；笏板牙（长而外伸，质地较松）上下牙接触不太严密，因此磨灭较轻，口齿显嫩。但笏板牙老年时容易拔缝，而墩子牙可能终生也不拔缝。

②上下牙闭合的形式　“天包地”或“地包天”的牙，因门牙

上下不吻合，所以不能相互磨损。有时边牙出现了齿星，而门牙仍然保留着完整的黑渠，甚至终生不消失。

③饲养管理条件　饲养管理条件对牙齿的影响甚大，如草质细软则牙齿磨得较轻，如草质粗硬则牙齿磨得较重。这种差别，可以造成1～2岁的误差。

④性别　公驴吃草咀嚼用力，牙齿磨损快；而母驴或骟驴吃草因咀嚼较轻，则牙齿磨损慢而显口嫩。

53 如何从驴的体尺、体重来选驴？

准确测量驴体各部位，可以了解驴的生长发育、健康状况和营养状况，弥补眼力观测不足的缺陷，从而准确地选择驴个体。

（1）驴的体尺测量　测量的用具主要用测杖和卷尺，要求测量者精确掌握驴各部位体尺的测量位置和测量方法，常用的指标和测量的部位包括以下几个：

①体高　从鬐甲顶点到地面的垂直距离。

②体长　从肩端到臂端的斜线距离。

③胸围　在鬐甲稍后方，用卷尺绕胸1周的长度。

④管围　用卷尺测左前肢管部上1/3部最细的地方，绕1周的长度，说明骨骼的粗细。

测量应在驴体左侧进行，驴站立在平地上，四肢肢势端正，同时负重。头颈应呈自然举起状态，装蹄铁应减去蹄铁的厚度，测量卷尺应拉紧。一般每个部位测2次以上，取其平均数。

（2）驴的体尺指数　体尺指数一般为驴体各部位的长度或高度与体高之比，描述的是驴体躯各部位之间的比例关系，反映驴的体型特征、发育状况，便于进行不同个体和品种间进行比较。

①体长率　表明驴体型、胚胎及生长发育情况，其计算公式如下：

$$体长率=\frac{体长}{体高}\times 100\%$$

②胸围率　表明驴体躯特别是胸廓发育情况，其计算公式

如下：

$$胸围率=\frac{胸围}{体高}\times 100\%$$

③管围率　表明驴骨骼发育情况，其计算公式如下：

$$管围率=\frac{管围}{体高}\times 100\%$$

④尻长率和尻宽率　此两项指标表明驴后躯发育情况，其计算公式如下：

$$尻长率=\frac{尻长}{体高}\times 100\%$$

$$尻宽率=\frac{尻宽}{体高}\times 100\%$$

（3）体重测量　一般用地秤测量，应在早晨未饲喂之前进行，连续测量 2 天，取其平均数。

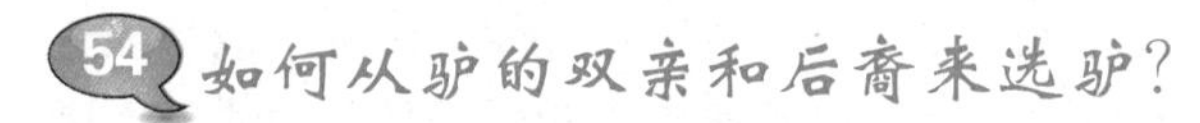

54 如何从驴的双亲和后裔来选驴？

在选种驴时，凡祖先或双亲的外貌、生长发育、生产性能、繁殖性能良好的后代其一般发育也较好。尤其种公驴，俗话说“公畜好，好一坡；母畜好，好一窝”。因此，根据驴的双亲和后裔性状对种公驴加强选择，对提高驴群质量有明显作用。

后裔选择是根据个体系谱记录，分析个体来源及其祖先和其后代的品质、特征来鉴定驴的种用价值，即遗传性能的好坏。种公驴的后裔鉴定应尽早进行，一般在 2～3 岁时选配同一品种、品质基本相同的母驴 10～12 头，在饲养管理条件相同情况下，比较驴驹断奶时与其母亲在外貌、生产性能等方面的成绩。若子女的品质高于母亲，则认为该公驴是优秀个体。也可以在同一年度、同一种群和相同饲养管理条件下，比较不同公驴的后代遗传特性。

与其他家畜相比，由于驴的时代间隔较长，驴的选种选配需要较长时间才能得到结果，测定的一些指标也远不如其他家畜准确，且一旦选错种驴，则不容易及时纠正。因此，选择种驴时，要尽量采用综合指标，全面评定各方面的特点。

55 如何从驴的本身性状选驴？

性状一般是指驴的生产或繁殖性状等，因其用途不同而定。肉用驴主要根据其肉用性状（如屠宰率、净肉率、系水力、肉色、肌内脂肪含量、剪切力、肌肉 pH、眼肌面积和大理石纹等）评定。驴的肉用性状表型评定常用膘度，膘度与屠宰率密切相关，膘度的评定是根据驴各部位肌肉发育程度和骨骼显露情况，分为上、中、下、瘦四等。公驴分别给予 8、6、5、3 的分数，而母驴则分别给予 7、5、3、2 的分数。

繁殖母驴主要根据其产驹数、幼驹出生重评定；种公驴则依其精液品质而定。役用驴可根据使役人员在使役中的反映给 7～8 分（优）、6～7 分（良）和 5～6 分（及格）。如有条件，经调教可测定驴的综合能力。

总之，若单从上述几个方面选择种驴，可能会对种驴的全面评价或育种工作造成影响，因此，要迅速提高驴群或品种的质量，则必须实行综合选择或称综合鉴定。对合乎种驴要求的个体，综合以上 5 个方面按血统来源（双亲资料）、体型外貌、体尺类型、生产性能（本身性状）和后裔品质等指标来进行选种，目的在于对某头驴进行全面评价；或者是期望通过育种工作，迅速提高驴群或品种的质量。

种驴的综合选择一般在 1.5 岁时，根据系谱、体型外貌和体尺指标初选；3 岁时，根据系谱、体型外貌、体尺指标和本身性状进行复选；5 岁以上，除前 4 项外，增加后裔测定进行最后选择。我国几个主要驴种都拟定有各自的鉴定标准。驴的综合选种，限于条件和技术，只在种驴场和良种基地进行。

七、驴的选配与繁殖

 怎样选择种公驴和繁殖母驴？

种公驴和繁殖母驴的筛选要点如下：

（1）从头颈部开始　头要大小适中，以直头为好。前额要宽。眼要大而有神。耳壳要薄，耳根要硬，耳长竖立而灵活。鼻孔大，鼻黏膜呈粉红色。齿齐口方，种公驴的口裂大、叫声长。皮下血管和头骨棱角要明显，头向与地面呈40°角，头与颈呈90°角。选择时应选颈长厚、肌肉丰满、头颈高昂、肩颈结合良好的个体。

（2）躯干部　包括鬐甲、背、尻、胸廓、腹、肷等。鬐甲要求宽、高，发育明显；背部要求宽平而不过长，尻部肌肉丰满；胸廓要求宽深，肋骨拱圆；腹部发育良好，不下垂肷部要求短而平。阴茎要细长而直，两睾丸要大而均衡。母驴要阴门紧闭，不过小；乳房发育良好，碗状者为优；乳头大而粗、对称，略向外开张。

（3）四肢部　要求四肢结实、端正，关节干燥，肌腱发达。从驴体前后左右四面看，是否有内弧腿或外弧腿（即“O”形腿或“X”形腿）；是否有前踏、后踏、广踏或狭踏等不正确的姿势；四肢关节是否有腿弯等现象。

（4）牵引直线前进并观察　观察步样如何，步幅大小、活动状态如何；举肢着地是否正常，有无外伤或残疾、跛行等。

（5）向畜主询问　如询问系谱、年龄、遗传、生理、饲养管理及体尺体重等技术资料。

57 选种时怎样注意考虑综合因素?

按照综合鉴定的原则，对于合乎种驴要求的个体，按血缘来源、体质外貌、体尺类型、生产性能和后裔鉴定等指标来进行选种。目的是对某头驴进行全面评价或是期望通过育种工作，迅速提高驴群或品种的质量。

（1）驴的血缘来源和品种特征　对被鉴定的每头驴，首先要看它是否具有本品种的特点，然后再看其血缘来源。例如，关中驴要求体格高大，头颈高扬，体质结实干燥，结构匀称，体形略呈长方形；全身被毛短而细，有光泽，以黑色为主，并有栗色；嘴头、眼圈、腹下为白色。若不符上述特征，则不予进行品种鉴定。

按血缘来源选种时，要选择其祖先中没有遗传缺陷的，本身对亲代特点和品种类型特征表现明显且遗传性稳定的个体。

（2）驴的外貌鉴定　指根据驴的体貌和结构来进行种用、役用或肉用价值的鉴定。外貌鉴定除对整体结构、体质和品种特征进行鉴定外，还要对头颈、躯干、四肢三大部分的每个部位进行鉴定，并按体质外貌标准评定打分。

（3）体尺评分　主要是对体高、体长、胸围、管围和体重，按标准规定打分。

（4）生产性能　对公、母驴都有要求，特别是对肉用驴的肉用性能要求，主要是指屠宰率、净肉率及眼肌面积等；膘度、各部位肌肉发育情况，骨骼显露情况分为 4 等（上、中、下、瘦）。

（5）后裔鉴定　是根据个体系谱记录，通过分析个体来源及其祖先和其后代的品质、特征来鉴定驴的种用价值，即遗传性能的好坏。对种公驴的后裔鉴定应尽早进行，在其 2～3 岁时选配同品种一级以上母驴10～12 头，在饲养管理相同的情况下，根据驴驹断奶所评定的等级作为依据来进行评定（表 7-1）；而母驴则依 2～3 头断奶驴驹的等级进行评定。

表 7-1 种公驴后裔评定等级标准

等级	评级标准
特级	后代中 75%在二级以上（含二级），不出现等外者
一级	后代中 50%在二级以上（含二级），不出现等外者
二级	后代中全部在三级以上（含三级）者
三级	后代大部分在三级以上（含三级），个别为等外者

58 驴的选配有哪些主要方法？

选配是选种的继续，是育种的中心环节，也是选择最合适的公、母畜进行配种。目的是为了巩固和发展选种效果，强化和创新人们所希望的性状、性能及减弱或消除弱点和缺陷，从而得到品质优良的后代。驴的选配方法主要有 3 种，即：①品质选配；②亲缘选配；③综合选配。

（1）品质选配　是根据公、母驴本身的性状和品质进行选配，分为同质选配和异质选配。前者就是选择相同优点或特点，如体质类型、生物学特性、生产性能优秀的公、母驴交配，目的是巩固和发展双亲的优良品质和性状。而异质选配则有两种情况：一种是选择具有相对不同优良性状的公、母驴交配，企图将两个性状组合在一起，获得兼有双亲不同优点的理想后代个体；另一种是选择同一性状、优劣程度不同的公、母驴交配，以达到改进不良性状的目的，亦称“改良选配”。驴的等级选配也属于品质选配。公驴的等级一定要高于母驴的等级。异质选配不能误解为弥补选配，两者毫无共同之处。弥补选配是指用具有相反缺点的公、母畜（如凹背和弓腰等）进行杂交，这样不会有好的结果，往往这两个缺点会在后代中同时出现，所以弥补选配不可用。

（2）亲缘选配　是指考虑到双方亲缘关系远近的交配。如父母到共同祖先的代数之和小于 6 的交配，称之为近交。相应的父母到共同祖先代数之和大于 14 的交配，则称之为远交。近交往往在固定优良性状、揭露有害基因、保持优良血缘和提高全群同质性方面起很大作用。但为了防止近交造成的繁殖力、生活力下降等近交危害，需要在利用近交选配手段时注意严格淘汰，加强饲养管理和血液更新。一旦由于近交而发生了问题，则需要很长时间才能得到纠正，因此对驴的近交应取慎重态度，切不可轻易进行。

（3）综合选配

①按体质外貌选配　对理想的体质外貌，可采用同质选配。对不同部位的理想结构，要用异质选配，使其不同优点结合起来。对选配双方的不同缺点，要用对方相应的优点来改进；有相同缺点的驴，决不可选配。

②按体尺类型选配　对体尺类型符合要求的母驴采用同质选配，以巩固和完善其理想类型。对未达到品种要求的母驴可采取异质选配，如体格小就应选取体大的公驴选配。

③按生产性能选配　如驮力大的公、母驴同质选配，可得到驮力更大的后代。屠宰率高的公、母驴同质选配，后代屠宰率会更高。同时，公驴的屠宰率比母驴的高，异质选配后代的屠宰率也会比母驴的高。

④按后裔品质选配　对已获得良好驴驹的选配，其父母配对应继续保持不变。对公、母驴选配不合适的，可另行选配，但要查明原因。

⑤按年龄选配　在选配中不论采用什么样的选配，都不能忽视年龄的选配，一般情况是壮龄配壮龄、壮龄配青年、壮龄配老龄。老龄公、母驴之间不应互相交配。

59 怎样掌握驴的育种方法？

驴的育种方法，主要包括本品种选育和杂交。

（1）本品种选育　本品种选育也称纯种繁育，是指同品种内公、母驴的繁殖和选育。选种配种、品质繁育、改善培育条件可以提高优良性状的基因频率，改进品种质量。为防止驴种退化，要根据不同情况采取不同的选育方法。

①血液更新　血液更新又叫“血缘更新”，是防止近交退化的措施之一。指对近交而表现出生活力衰退的个体，用于其有类似性状但无血缘关系的同品种驴交配一次，暂时停止近交，引进外血，以便在不动摇原有亲交群遗传结构的条件下，使亲交后代具有较强的生活力和更好的生产力。对于本场内或本地公驴范围小，而且多年用的种驴往往血缘关系较近，如不及时换种公驴，很容易造成近亲。通过血液更新、加强饲养管理和锻炼，就可以避免造成驴生活力降低等问题。

②冲血杂交　冲血杂交又称导入杂交、引入杂交和改良杂交。在纠正驴种某一个别缺点或生产性能的缺陷，而其他方面基本可以满足品种的要求，采用纯种繁育短期又不能见效的情况下，可有针对性地选择不具这一缺点的优良品种来跟它杂交。为了不改变被改良品种的主要特点，一般只杂交一次。以后在杂交第一代杂种群中，选择优秀的杂种公、母驴和需要改良的公、母驴分别交配，如所生后代较理想，就使杂种公、母驴进行自群繁育。

这种杂交方法在小型驴和中型驴分布地区经常被采用，往往是引入大型驴进行低代（1～2 代）杂交，以提高小型驴和中型驴的品质，但不改变它们吃苦耐劳、适应性强的特征。

③品系（族）繁育　品系（族）繁育是指为了育成各种理想的品系（族）而进行的一系列繁育工作。其工作内容是：首先培育和选出优秀的个体作为系（族）祖；其次充分利用这头优秀种驴，并通过同质选配或亲缘交配，育出大量具有和系（族）祖类似特征的后代；再次在后代中选出最优秀又最近似系（族）祖的个体作为继承者，同时淘汰不合格品系（族）的个体，继续繁育建立品系；最后进行不同品系（族）的结合，以获得生命力强、特点多的优秀种驴，并从中选出新的系（族）个体，建立新的综合品系（族），以后又让各品系（族）结合得到更为优秀的种畜，从而使品种得到不断提高和发展。

因此，品系繁育是选择遗传稳定、优点突出的公驴作为系祖，选择具备品系特点的母驴，采用同质选配的繁育方法进行的。建系初期要闭锁繁育，亲缘选配以中亲为好，要严格淘汰不合格品系特点的驴，这样经3～4代即可建立品系。建系时要注意多选留一些不同来源的公驴，以免后代被迫近交。

品系建立后，长期的同质繁育会使驴的适应性、生活力减弱，这可通过品系间杂交的方式得以改善。

品族是指以一些优秀母驴的后代形成的家族。品族繁育是驴群中有优秀母驴而缺少优秀的公驴或公驴少、血缘窄，不宜建立品系而采用的。

（2）驴的杂交　对分布在大、中型驴产区的小型驴可以进行杂交，即用大、中型公驴配小型母驴。这些地区农副产品丰富，饲养管理条件相当优越，当地群众有驴选种、选配经验，通代累代杂交后，驴的品质提高很快。

对肉用驴采用杂交的方式进行培育也是一种重要的可行方法。

60 怎样掌握驴驹的生长发育规律？

（1）胎儿期驴驹的生长发育　驴驹初生时，体高和管围分别占成年驴的62.93%和60.33%，体长和胸围分别占成年驴的45.28%和45.69%，体重为成年驴的10.34%。胎儿期生长发育的速度非常快。

（2）哺乳期的驴驹生长发育　从出生到断奶（6月龄）这一阶段驴驹的生长发育速度最快。6月龄时体高占成年的81.89%，体长占成年的72.71%，胸围占成年的68.84%，管围占成年的81.24%。这一阶段生长发育得好坏，对将来种用、役用、肉用的价值影响很大。

（3）断奶后的驴驹生长发育　驴驹从断奶到1岁，体高和管围相对生长发育速度最快，1岁时已分别占成年的86.6%和83.81%；此时，体长和胸围也分别占成年的79.33%和75.68%。

断奶后第1年，即6月龄至1.5岁，为驴驹生长发育的又一个高峰。1.5岁时体高、体长、胸围、管围分别占成年的93.35%、

89.89%、86.13%和93.45%，此时期的驴肉口感最好。

2岁前后，体长相对生长发育速度加快。2岁时，体长可占成年的93.71%。此时体高和管围分别占成年的96.29%和97.25%，而胸围占成年的89.31%。

3岁时，驴的胸围生长速度增快，胸围占成年的94.79%，而这时体高、体长和管围也分别占成年的99.32%、99.32%和98.56%。3岁时，驴的体尺接近成年体尺，体格基本定型，虽胸围和体重以后还有小幅增长，但此时驴的性功能已完全成熟，可以投入繁殖配种。断奶后的驴驹生长发育规律概括为“1岁长高，2岁长长，3岁长粗”，从表7-2中关中驴不同的体尺表可以看出这种生长规律。

表7-2　同源关中驴不同年龄其相应体尺

年龄	体高		体长		胸围		管围	
	平均（厘米）	占成年（%）	平均（厘米）	占成年（%）	平均（厘米）	占成年（%）	平均（厘米）	占成年（%）
3天	89.18	62.93	68.81	45.28	71.25	45.69	10.10	60.33
1月龄	94.00	66.33	74.75	53.05	79.75	51.15	10.83	64.69
6月龄	116.05	81.89	102.45	72.71	107.33	68.84	13.60	81.24
1岁	122.72	86.60	111.79	79.33	118.00	75.68	14.03	83.81
1.5岁	132.29	93.35	126.66	89.89	134.29	86.13	12.66	93.54
2岁	136.45	96.29	132.05	93.71	139.25	89.31	16.28	97.25
2.5岁	38.23	97.55	136.10	96.59	142.04	91.10	16.43	98.14
3岁	40.75	99.32	139.95	99.32	147.79	94.79	16.50	98.56
4岁	141.62	99.94	140.90	100	153.91	98.71	16.73	99.94
5岁	141.70	100.00	140.90	100.00	155.91	100.00	16.74	100.00

2岁以内关中驴公、母驴的生长强度比较见表7-3。

表 7-3　2 岁以内关中驴（公、母驴）的生长强度对比

生长强度特点		相对生长率（%）			
		体　高	体　长	胸　围	管　围
0～6 月龄，公、母驴的生长强度、体高、体长、胸围的增长值都超过 20 厘米，管围均在 2～3 厘米，为生后生长强度最快时期，且公、母驴差别不大					
断奶后生长强度	公驴驹 6～12 月龄时最大	7.79	14.22	11.17	8.24
	母驴驹 12～18 月龄时最大	8.64	13.30	13.80	11.60

61 怎样掌握驴的繁殖特点？

（1）初情期　母驴第一次发情或公驴第一次射出精液的时期称为初情期，一般在 12 月龄左右。这时驴虽然出现性行为，但生殖器官的生长发育尚未成熟，不宜配种。

（2）性成熟　驴驹生长发育到母驴能正常发情并排出成熟的卵子，公驴有性欲表现并能排出成熟的精子时，就达到性成熟。性成熟的时间受品种、外界自然条件和饲养管理等多种因素的影响。德州驴性成熟一般为 12～15 月龄。

（3）初配年龄　指初次配种的年龄。性成熟后，驴驹身体继续发育，待到一定年龄和体重时方能配种，过早配种会影响驴体的发育。德州驴的公、母驴配种年龄一般为 2.5 岁。

（4）繁殖年限　驴的繁殖力可维持到 16～18 岁，有 24 岁母驴产驹的记录。德州驴母驴终生产驹 12～16 头。

（5）繁殖性能　一般驴的平均情期受胎率为 40%～50%，繁殖率为 60%左右。德州驴的平均情期受胎率为 45.8%～69.1%，繁殖率为 65%～75%。

（6）发情季节　驴为季节性多次发情的动物。一般在每年的 3—6 月进入发情旺期，7—8 月酷热时发情减弱。发情期延长至深秋才进入乏情期。母驴发情较集中的季节，称为发情季节，也

是发情配种最集中的时期。在气候适宜和饲养管理好的条件下，母驴也可长年发情。但秋季产驹时，驴驹初生重小、成活率低，断奶重和生长发育均差。

（7）发情周期　指母驴从一次发情开始至下一次发情开始的周期，一般平均为 21 天。德州驴平均发情周期为 21～23 天。

（8）产后发情　母驴分娩后短时间出现的第一次发情，称为产后发情。此时配种容易受胎，群众把产后半月左右的第一次配种叫“血配”。母驴产后发情不表现“叭嗒嘴”“背耳”等发情症状，但经直肠检查可以发现有卵泡发育。母驴产后 5～7 天，卵巢上应有发育的卵泡出现，随后继续发育直到排卵。德州驴的产后首次发情一般为产后 7～11 天，发情持续期平均为 5.85 天。

（9）发情持续期　指发情开始到排卵为止所间隔的天数。驴的发情持续期为 3～14 天，一般为 5～8 天。德州驴的发情持续期为 5～7 天。

（10）妊娠期　驴的妊娠期一般为 365 天。随母驴年龄、胎儿性别和膘情好坏，妊娠期长短不一，但差异不超过 1 个月，一般前后相差 10 天左右。德州驴的妊娠期平均为 360 天。

62 母驴有哪些发情鉴定方法?

母驴的发情鉴定方法有外部观察法、阴道检查法及直肠检查法。通常是在外部观察的基础上，以直肠检查法为主进行鉴定。

（1）外部观察法　母驴的发情特征表现为：两后腿叉开，阴门肿胀，头颈前伸，两耳后抿，连续叭嗒嘴，流涎。当见公驴或用公驴试情时，母驴主动接近公驴，张嘴不合，流涎，并将臀部转向公驴，静立不动，塌腰叉腿，频频排尿，从阴门不断流出黏稠液体，俗称“吊线”，愿意接受交配。上述情况在母驴发情初期和发情末期表现较弱。有的初配和带驹母驴（恋驹）表现不够明显，因此该方法只能作为母驴发情鉴定的辅助方法。

（2）阴道检查法　阴道检查法主要是观察阴道黏膜的颜色、光泽、黏液及子宫颈口的开张程度，来判断母驴配种的适宜时期，此法在保定架中进行。检查前应将母驴外阴洗净、消毒（1%～2%煤酚皂液或0.1%新洁尔灭溶液）、擦干。所用开膣器要用消毒液浸泡、消毒。如需伸入母驴阴道内检查，则检查人员手臂也应消毒，术前涂上消毒过的液状石蜡。

①发情初期　阴道黏膜呈粉红色，稀有光泽；黏液黏稠，为灰白色；子宫颈口略开张，有时仍弯曲。

②发情中期　阴道检查较易。阴道黏膜充血，有光泽，阴道黏液变稀。子宫颈变软，子宫颈口开张，可容1指。

③发情高潮期　母驴阴道检查极易。阴道黏膜潮红充血，有光泽，黏液稀润光滑。子宫颈口开张，可容2～3指。此期为配种或输精的适期。

④发情后期　阴道黏液量减少，黏膜呈粉红色，光泽度较差。子宫颈开始收缩变硬，可容1指。

⑤静止期　阴道被黏稠浆状分泌物黏结，阴道检查困难。阴道黏膜灰白色，无光泽。子宫颈细硬呈弯钩状，子宫颈口紧闭。

（3）直肠检查法　即用手臂通过直肠，触摸两侧卵巢上卵泡的发育情况。

①检查的主要内容

A. 卵泡发育初期　两侧卵巢中有一侧卵巢出现卵泡，初期体积小，触之形如硬球，突出于卵巢表面，弹性强，无波动，排卵窝深。此期一般持续时间1～3天。

B. 卵泡发育期　卵泡发育增大，呈球形，卵泡柔软而有弹性，以手触摸有微波动感。卵泡液继续增多。排卵窝由深变浅。此期一般持续1～3天。

C. 卵泡生长期　卵泡体积继续增大，触摸柔软，弹性增强，波动明显。卵泡壁较前期变薄，排卵窝较平。此期一般持续1～2天。

D. 卵泡成熟期　此时卵泡体积发育到最大程度。卵泡壁甚薄而紧张，有明显波动感。排卵窝浅。此期持续1～1.5天。母驴的配种或输精宜在这一时期进行。

E. 排卵期　卵泡壁紧张，弹性减弱，泡壁菲薄，有一触即破的感觉。触摸时，部分母驴有不安和回头看腹的表现。此期一般持续 2 ～ 8 小时。有时在触摸的瞬间卵泡破裂，卵子排出，直肠检查时则可明显摸到排卵窝及卵泡膜。此期宜配种或输精。

F. 黄体形成期　卵巢体积显著缩小，在卵泡破裂的地方形成黄体。黄体初期扁平，呈球形，稍硬。因其周围有渗出血液的凝块，故触摸有面团感。

G. 休情期　卵巢上无卵泡发育，卵巢表面光滑，排卵窝深而明显。

直肠检查法是鉴定母驴发情较准确的方法，也是早期妊娠诊断较准确的方法，同时也是诊断母驴生殖器官疾病进而消除不孕症的重要手段之一。这项检查要由技术熟练的专业人员操作，初学者要在专业人员的指导下进行。

②检查的注意事项　用手指肚触摸，严禁用手指抠、揪，以防止抠破直肠，造成母驴死亡；触摸卵巢时，用手指肚轻稳而细致地检查，深刻体会卵泡的大小、形态、质地及发育部位等情况，尤其不可捏破发育成熟的卵泡，否则会造成“手中排”不妊。此外，还应注意卵泡与黄体的区别、大卵泡与卵泡囊肿的区别，以免发生误诊。卵巢发炎时，应注意区分卵巢在休情期、发情期及发炎时的不同特点。触摸子宫角时，注意其形状、粗细、长短和弹性；若子宫角发炎，则要区别子宫角休情期、发情期及发炎时的不同特点。

③检查的操作方法

A. 保定好母驴　为防止母驴蹶踢，要将其保定在防护栏内。

B. 检查者准备　事先将指甲剪短磨光，以防划伤母驴肠道。消毒手臂，然后涂上肥皂或植物油作为润滑剂。

C. 消毒母驴的外阴部　先用无刺激的消毒液洗净，然后用温开水冲洗。

D. 排出粪便　检查者先以手轻轻按摩肛门括约肌，刺激驴努力排粪；或以手推压停在直肠后部的粪便，以压力刺激使驴自然排粪。然后右手五指并拢握成喙形缓缓进入直肠，掏出直肠前部的粪便。掏粪时应保持粪球的完整，避免捏碎，以防未被消化的草秸划破肠道。

E. 触摸卵巢子宫　检查者应以左手检查右侧卵巢，右手检查左侧卵巢。右手进入直肠，手心向下，轻缓前进，当发现母驴努责时，应暂缓，待伸到直肠狭窄部时，以四指进入狭窄部，拇指在外。此时检查有两种方法：一为下滑法。手进入狭窄部，四指向上翻，在三、四腰椎处摸到卵巢韧带，随韧带向下捋，就可以摸到卵巢，由卵巢向下就可以摸到子宫角、子宫体。二为托底法。手进入直肠狭窄部，四指向下摸，就可以摸到子宫底部，顺着子宫底向左上方移动，便可摸到子宫角。到子宫角上部，轻轻向后拉就可摸到左侧卵巢。

63 怎样为驴配种？

（1）人工授精　人工授精是以人工的方法利用器械采集公驴的精液，经检查预处理后，再输入到母驴生殖道内，达到妊娠的目的，目前这一方法已在生产中得到广泛应用。采用人工授精配种技术，一头公驴一年可配数百头母驴。不仅使优秀的公驴能得到充分利用，而且由于优胜劣汰，扩大了优秀公驴的选配，加速了驴种品质的提高，从而也降低了种公驴的饲养成本。通过发情鉴定和适时的人工配种，提高了母驴配种的受胎率，同时也防止了生殖疾病及传染病的传播。开展精液冷冻后，可以使精液不受时间、地点、种公驴寿命的限制，提高了优良种公驴的使用效率。人工授精包括直肠检查、采精、精液稀释、冻精解冻、输精和妊娠检查等环节，整个工作要求有较高的技术操作水平。

（2）自然交配-人工辅助交配　这是在农村和不具备人工授精条件的地区普遍采用的方法。大群放牧的驴为自然交配，而农区则只是在母驴发情时才将其牵至公驴处，进行人工辅助交配。这样可以节省公驴的精力，提高母驴受胎率。

因母驴多在晚上和黎明排卵，因而交配时间最好放在早晨或傍晚。

配种前，先将母驴保定好，用布条将尾巴缠好并拉于一侧，洗净、消毒、擦干外阴。公驴的阴茎最好也要用温开水擦洗。配种时，先牵公驴转1～2周，促进性欲；然后使公驴靠近母驴后躯，让其嗅闻母驴阴部。待公驴性欲高涨且阴茎充分勃起后，及时放松缰绳，让公驴爬到母驴背上。此时辅助人员迅速而准确地把公驴阴茎轻轻导入母驴阴道，使其交配。当公驴尾根上下翘起、臀部肌肉颤抖时，则表明公驴正在射精，交配时间一般为1～1.5分钟。交配结束，用温开水冲洗阴茎，将公驴牵回厩舍休息。

如不进行卵泡直肠检查，则人工辅助交配要在母驴发情旺盛时进行，采用隔日配种的方法配种2～3次即可。

64 怎样做好母驴的妊娠诊断？

妊娠诊断尤其是早期妊娠诊断是提高受胎率、减少空怀和流产的一项重要方法，常采用外部观察法、阴道检查法和直肠检查法三种方法。

（1）外部观察法　母驴成功配种后，其下一个情期不再发情。随妊娠日期的增加，母驴食欲增强，被毛光亮，容易上膘，行动迟缓，喘粗气，腹围加大，后期可看到胎动（特别是饮水后）。外部观察法鉴定母驴早期妊娠的准确性差，只能作为参考。

（2）阴道检查法　母驴妊娠后，阴道被黏稠的分泌物黏结，手不易插入。阴道黏膜呈苍白色，无光泽。子宫颈收缩呈弯曲状，子宫颈口被脂状物（称子宫栓）堵塞。

（3）直肠检查法　同发情鉴定一样，直肠检查法是用手通过直肠来检查卵巢、子宫的状况，以判断母驴是否妊娠。这是判断母驴是否妊娠的最简单而又可靠的一种方法。检查时将母驴保定，按上述直肠检查要求进行。判断母驴是否妊娠的主要依据是：子宫角形状、弹力和软硬度；子宫角的位置和角间沟的出现；卵巢的位置、卵巢韧带的紧张度和黄体的出现；胎动；子宫中动脉的出现。

①妊娠18～25天　空怀时，子宫角呈带状。妊娠后子宫角呈柱状或两子宫角均为腊肠状，空角发生弯曲，孕侧子宫角基部出现

如乒乓球大小的柔软胎泡，泡液波动明显，子宫角基部形成“小沟”。此时在卵巢排卵的侧面，可摸到黄体。

②妊娠35～45天　左右子宫角无太大变化。可摸到的胎泡继续增大，形如拳头大小。角间沟沿明显，妊娠子宫角短而尖，后期角间沟逐渐消失，卵巢黄体明显，子宫颈开始弯向妊娠一侧的子宫角。

③妊娠55～65天　胚泡继续增大，形如婴儿头。妊娠子宫角下沉，卵巢韧带紧张，两卵巢距离逐渐靠近，角间沟消失，胚泡内有液体。此时妊娠检查易发生误检，应予注意。

④妊娠80～90天　胚泡大如篮球，两子宫角全被胚胎占据，子宫由耻骨前缘向腹腔下沉，摸不到子宫角和胚泡整体。卵巢韧带更加紧张，两卵巢更加靠近。进行直肠检查时，要区分胚泡和膀胱，前者表面布满了呈蛛网状的血管，后者表面光滑且充满尿液。

⑤妊娠4个月以上　子宫顺耻骨前缘呈袋状向前沉向腹腔，此时可摸到子宫中动脉轻微跳动。该动脉位于直肠背侧，术者手臂上翻，沿髂后动脉可摸到一个分支，即子宫中动脉。若其特异的搏动如水管喷水状，即说明驴已妊娠。妊娠5个月以上时，可摸到胎儿跳动。

65 怎样做好母驴的接产工作？

（1）怀孕母驴的产前准备工作

①产房准备　产房要向阳、宽敞、明亮，房内干燥。既要通风，又能保温和防贼风。产前应对产房进行消毒，备好新鲜垫草。如无专门产房，也可将厩舍的一头作为产房。

②接产器械和消毒药物的准备　事先应备好剪刀、镊子、毛巾、脱脂棉、5%碘酒、75%酒精、脸盆、棉垫、结扎绳等。

③助产人员的准备　助产人员要经过专门的助产培训，并有一定处理难产的经验，并做到随叫随到。

（2）母驴产前表现　母驴产前1个多月时乳房迅速膨大，分娩前乳头基部开始胀大，并向乳头尖端发展。临产前，乳头成为长而粗的圆锥状，充满液体，越临近分娩，液体越多，乳头胀得越大。

此外，母驴分娩前几天或十几天，外阴部潮红、肿大、松软，并流出少量稀薄黏液。尾根两侧肌肉出现松弛、塌陷现象。分娩前数小时，母驴来回走动，表现不安，转圈，呼吸加快，气喘，回头看腹部，时起时卧，出汗和用前蹄刨地，食欲减退或不食。此时应专人守候，随时做好接产准备。

（3）正常分娩的助产　当孕驴出现分娩表现时，助产人员应消毒手臂做好接产准备。铺平垫草，使孕驴侧卧，将棉垫垫在驴的头部，防止垫草擦伤头部和眼睛。正常分娩时，胎膜破裂，胎水流出。如幼驹产出的胎衣（羊膜）未破，则应立即撕破羊膜，防止幼驹窒息。正生时，幼驹的前两肢伸出阴门之外，且蹄底向下；倒生时，两后肢蹄底向上，产道检查时可摸到驴驹的臀部。助产时切忌用手向外拉，以防幼驹骨折。助产人员应特别注意初产驴和老龄驴的助产。

66 怎样处理母驴难产？预防母驴难产都有哪些方法？

分娩过程是否顺利，取决于幼驹姿势、大小及母驴的产力、产道是否正常。如果它们发生异常，则幼驹的排出受阻，就会发生难产。难产发生后，如果处理不当或者治疗不及时，可能造成母驴及幼驹死亡。常见的难产表现和相应的助产方法有以下几种：

（1）胎头过大　指幼驹头部过大难以被娩出。助产方法：首先润滑产道，然后将幼驹两前肢处在一前一后的位置，缓慢牵引；若不行则考虑截去一肢后牵引，或实行剖宫产。

（2）头颈姿势异常　指幼驹两前肢已伸入产道，而头弯向身体一侧。助产方法：母驴尚能站立时，应前低后高；不能站立时，应使母驴横卧，幼驹弯曲的头颈置于上方，这样有利于矫正或截胎；弯曲程度大时，不仅头部弯曲，同时母驴骨盆入口之间空间较大，可用手握着唇部，即能把头扳正。如幼驹尚未死亡，则助产人员可用拇、中二指捏住幼驹眼眶，以引起幼驹反抗，这样有时能使胎头自动矫正；弯曲严重不能以手矫正时，必须先推动幼驹，使入骨盆之前腾出空间，才能把头拉直。可用中间三指将单绳套带入子宫，套住下颌骨体，并拉紧。在术者用产科梃顶在胸前和对侧前腿之间推动幼驹的同时，由助手拉绳，往往可将胎头矫正；当幼驹死亡时，无论轻度或重度头颈侧弯，均可用锐钩钩住眼眶，在术者的保护下，由助手牵拉矫正之，同时也需配合推动幼驹，此时要严防锐钩滑脱，以免损伤子宫、产道或术者的手臂。

（3）前肢姿势异常　指幼驹的一前肢或两前肢姿势不正。

①腕部前置　这种异常是前肢腕关节屈曲，增大了幼驹肩胛围的体积而发生的难产。助产方法：如系左侧腕关节屈曲则用右手，右侧屈曲就用左手，先将幼驹送回产道，用手握住屈曲肢掌部，向上方高举，然后将手放于下方球关节暂时将球关节屈曲，再用力将球关节向产道内伸直，即可整复。

②肩部前置　即幼驹的一侧或两侧肩关节向后屈曲，前肢弯向自身的腹下或躯干的侧面，使胸部截面面积增大而不能将幼驹排出。助产方法：幼驹个体不大，一侧或两侧肩关节前置时，可不加矫正，在充分润滑产道之后，拉正前肢及胎头或单拉胎头，一般可望拉出。对于幼驹较大或不矫正不能拉出时，先将幼驹推回子宫，术者手伸入产道，用手握住屈曲的臂部或腕关节，将腕关节导入骨盆入口，使腕关节屈曲，再按整复腕关节屈曲方法处理，即可整复。

（4）后肢姿势异常　跗部、坐骨前置倒生时，一侧或两侧跗关节、髋关节屈曲不能排出胎儿。助产方法和前肢的胸部前置和肩部前置时基本相同。无法矫正的则采用绞断器绞断屈曲的后肢，分别拉出。

无论发生何种难产，在矫正或截胎困难时，应立即进行剖宫产手术取出幼驹。

预防母驴难产可采取以下措施：

（1）勿过早配种　进入初情期或成熟期之后就开始配种，由于母驴尚未发育成熟，因此分娩时容易发生骨盆狭窄等。

（2）供给妊娠母驴全价饲料　母驴妊娠期所摄取的营养物质，除维持自身代谢需要外，还要给幼驹的发育提供营养。故应给母驴全价饲料，以保证幼驹发育和母驴健康，减少母驴分娩时难产现象的发生。

（3）适当使役或运动　适当的运动不但可以提高母驴对营养物质的利用率，同时亦可提高其全身及子宫肌肉的紧张度。分娩时有利于幼驹的转位，以减少难产的发生；同时，还可防止胎衣不下及子宫复原不全等疾病。

（4）早期诊断是否难产　尿囊膜破裂、尿水排出之后的这一时期正是幼驹的前置部分进入母驴骨盆腔的时间。此时触摸幼驹，如果前置部分正常，则可自然出生；如果发现幼驹有反常，就应立即进行矫正。此时由于幼驹的躯体尚未楔入骨盆腔，难产的程度不大，胎水尚未流尽，因此矫正比较容易。

67 怎样做好新生幼驹的护理?

新生驴驹出生以后，其周围环境骤然发生了变化，而新生幼驹各部分生理机能还不很完全。因此，为了使其逐渐适应外界环境，必须做好护理。

（1）防止窒息　当幼驹产出后，应立即擦掉其嘴唇和鼻孔上的黏液和污物。如黏液较多，可将幼驹两后腿提起，使头向下，轻拍胸壁，然后用纱布擦净口鼻中的黏液。亦可用胶管插入鼻孔或气管，用注射器吸取黏液以防幼驹窒息。发生窒息时，可进行人工呼吸。即有节律地按压新生驹腹部，使胸腔容积交替扩张和缩小。紧急情况时，可注射尼可刹米溶液，或用0.1%肾上腺素1毫升直接向心脏内注射。

（2）断脐　新生驹的断脐主要有徒手断脐和结扎断脐两种方法。因徒手断脐干涸快，不易感染，故常多采用。其方法是：在靠近驴驹腹部3～4指处用一只手握住脐带，另一只手捏住脐带向幼驹方向捋几下，使脐带里的血液流入新生驴驹体内。待脐动脉搏动停止后，在距离腹壁3指处，用手指掐断脐带；再用5%碘酒充分消毒残留于腹壁的脐带余端；7～8小时后用5%碘酒消毒1～2次即可。只有当脐带流血难止时，才用消毒绳结扎。其方法是：在距幼驹腹壁3～5厘米处，用消毒棉线结扎脐带后再剪断消毒。该方法由于脐带断端被结扎，干涸慢，若消毒不严，容易被感染而发炎。故给幼驹断脐时，应尽可能采用徒手断脐法。

（3）保温　冬季及早春应特别注意新生驹的保温。因其体温调节中枢尚未发育完全，同时皮肤的调温机能也很差，而且外界环境温度又比母体的低，新生驹生后极易受凉，甚至发生冻伤，因此应注意保温。由于母驴产后多不像马、牛那样舔幼驹体上黏液，故可用软布或毛巾擦干幼驹体上的黏液，以防其受冻。

（4）哺乳　驴产骡时，常出现因吃初乳而发生的骡驹溶血症。为防止这一疾病发生，一是在哺乳前要检测初乳抗体效价；二是在未事先检查的情况下，为慎重起见应将骡驹暂时隔开或带上笼头，并喂以牛乳、糖水等，同时每隔1～2小时后将母驴初乳挤去，1天后即可使骡驹吸食母乳。

68 怎样做好产后母驴的护理？

正处在分娩和生产后期的母驴，其生殖器官发生迅速而激烈的变化，机体抵抗力降低。产出幼驹时，母驴子宫颈张开，产道黏膜表层可能有损伤，子宫内又积存大量恶露，这些都为病原微生物的侵入和繁殖创造了条件。因此对产后母驴应给以妥善护理，以促进其机体尽快恢复。具体做法是：①清洗产后母驴的外阴部和后躯部，并用2%来苏儿水消毒；②经常更换褥草，搞好厩床卫生；③产后6小时内给母驴饲喂稀的麦麸粥或小米粥，并加上盐，同时投喂优质干草或青草；④产后头几天，应给予少量质量好、易消化的饲料，此后日粮中可逐渐加料直至正常；⑤产后半个月内停止使役，1个月后开始使役。

69 怎样提高驴的繁殖能力？

提高驴的繁殖力，从根本上说就是要使繁殖公、母驴保持旺盛的生育能力，保持良好的繁育体况；从管理上说就是注意尽可能地提高母驴的受配率。防止母驴的不孕和流产，防治难产；以技术上说就是要提高受胎率等。

（1）繁殖母驴应保持旺盛的生育能力　母驴从初次繁殖起，随胎次和年龄的增长而繁殖力逐年升高，至壮龄时生育力最强。无论公驴还是母驴，当营养好时均可繁育到20岁以上，所以有“老驴少牛”之说。营养差的驴，到15～16岁便失去了繁殖力。在繁殖群中，要有占比为65%～70%进入旺盛生育期的母驴。

（2）繁殖驴群应保持良好的体况　繁殖公、母驴均要经过系统选择，达到繁殖性能良好，身体健壮，营养状况处于中上等水平。为此，对繁殖用的公、母驴，必须按饲养标准饲喂，供给品质良好的饲草、全价混合精饲料、适量食盐和充足的饮水。

（3）提高母驴的受配率

①优化畜群结构　增加繁殖母驴的比例，要使繁殖母驴在畜群中的比例达到50%～70%。

②建立配种网络　合理布局，建设驴的配种站，推行人工授精技术，使尽可能多的母驴参加配种。

③增膘复壮　草料不足，饲草单一，日粮不全价，尤其是缺乏蛋白质和维生素，是饲养上造成母驴不发情的主要原因。为此，母驴配种前1个月要增加精饲料的喂料；参加劳役的母驴要延长其采食时间，对膘情不好的母驴要减轻其使役量，增喂青绿多汁饲料。

④加强发情观察　饲养人员要熟悉每一头母驴的发情规律和特点，注意观察母驴的发情表现。一旦发现母驴有发情表现，则应及时将其牵到人工配种站进行发情鉴定，并随时记录发情、配种情况。

⑤抓好产后“血配”　母驴分娩后的子宫恢复和产后发情的时间，是判定母驴生殖机能的重要标志。加快产后母驴子宫恢复，及时配种，可以提高母驴的繁殖率。

⑥及时排查不发情的母驴　役用母驴中，有10%～15%的适龄母驴因有生殖道疾患而不发情的，因此应及时诊断和治疗。对已失去繁殖能力的母驴，应淘汰后育肥出栏。

（4）提高母驴受胎率

①维持母驴适度膘情。

②保障公驴精液质量。

③准确掌握发情鉴定时间和适宜的输精时间，同时熟练掌握输精技术。

④在人工授精的环节，要严格无菌操作，防止生殖疾病的发生。

⑤实行早期妊娠检查，抓紧复配。

（5）防治母驴不孕和流产　母驴常因繁殖障碍而造成不孕，此占空怀母驴的 40％以上，给母驴的繁殖造成很大的损失。流产也是影响母驴繁殖的另一个因素，占 5％以上。因此，对母驴的繁殖疾病要加强预防。同时，饲养管理不当也会造成母驴流产和不孕。

（6）提高驴驹的成活率

①要看护好新生驴驹。

②要注意保暖，防贼风，尤其是气候突变时更应注意。

③驴驹出生后 2 小时内要及时吃上初乳。

④母驴的泌乳力对幼驹的成活率和发育很重要，尤其是在前 3 个月的泌乳月期间。

⑤对驴驹要早补饲，生后 1 周就开始诱食，给以柔软、易消化的草、料，随体重增加而渐增草、料量。驴驹单槽饲喂较好。

八、驴的饲养与管理

70 驴主要摄食哪些饲料？

驴主要摄食以下几种饲料：

（1）青绿饲料　即各种野草、人工栽培的牧草、农作物新鲜秸秆，以及胡萝卜等块根、块茎的青绿饲料。

（2）粗饲料　指含粗纤维较多、容积大、营养价值较低的一类饲料，主要包括：野干草、栽培牧草干草、秸秆、谷草、稻草、玉米秸、麦秸、豆秸及豆荚皮等。

（3）精饲料　包括农作物的籽实、糠麸类（也叫能量饲料）和各种饼粕类（也叫蛋白质饲料）。常见的主要有：玉米、高粱、麸皮、大麦、燕麦、谷子、大豆、黑豆、豌豆、蚕豆、豆饼、豆粕、花生饼、棉籽饼、向日葵饼等。

（4）矿物质饲料　即对促进驴的骨骼生长和维持正常代谢有重要作用，必须保证正常供给的矿物质饲料，主要是食盐和含钙的无机盐。

71 怎样为驴进行分槽定位？

为了保证驴的健康生长和合理利用，饲养时应依驴的用途、性别、年龄、体重、个性、采食快慢等进行分槽定位，保证每头驴都能采食到足够的饲料，以免争食。临产母驴、种公驴和当年产幼驹要用单槽。哺乳母驴的槽位要适当宽些，以便于驴驹吃奶和休息。

72 怎样掌握驴每天的饲喂次数？

生产中，应依不同季节，确定不同饲喂次数，做到定时定量。冬季寒冷夜长，可分早、中、晚、夜饲喂4次；春、夏季可增加到5次；秋季天气凉爽，每日可减少到喂3次。每次饲喂的时间和数量都要固定，使驴建立正常的条件反射。驴每日饲喂的总时间不应少于10小时。要加强夜饲，前半夜以草为主，后半夜加喂精饲料。

73 怎样做好驴的依槽细喂？

根据定位的槽内饲料采食情况确定饲喂量。喂驴的草要铡短，喂前要筛去尘土，挑出长草，拣出杂物。料粒不宜过大。每次饲喂要按先给草后喂料、先喂干草后拌湿草的原则。拌草的水量不宜过多，使草粘住料即可。每一顿草料要分多次投放，每顿至少5次。目的是为了增强驴的食欲，让其多吃草，不剩残渣，即群众说的“头遍草，二遍料，最后再饮到”“薄草薄料，牲口上膘”。

74 怎样掌握驴饲料的更换变化？

饲喂中，凡增减喂量、变换饲料种类及添加其他新饲料，都要采取逐渐更换的办法。不可骤减骤增，这样轻则造成驴不安、倒槽、消化功能紊乱，引起便秘或腹泻；重则造成驴胃扩张、肠炎，甚至死亡。

换料一般有两种情况：一是根据驴的生理需要进行调整，如分娩前后、干奶与喂奶过程、肉驴催肥、种畜配种的初末期；二是饲料来源发生变化引起日粮结构的根本改变或进行局部调整。全年按饲料供应可分为青饲期与干草期（也可说是牧饲期或舍饲期）。即使是全舍期，也存在干换青（春季）与青换干（秋季）两个过程。这就需要防止驴贪青、拒青、吃不饱、泻肚或收牧时停食。因此，在草料变换时需多加小心，防止突变造成不良后果。

75 怎样给驴充足饮水？

饮水对驴的生理起重要作用，群众讲“草膘，料力，水精神”。驴的饮水要清洁、新鲜，冬季水温以8～12℃为宜。切忌驴役后马上给其饮冷水，可稍事休息后再饮一些水。要避免“暴饮和急饮”，要做到“饮水三提缰”。因为剧烈运动后立即饮入大量冷水，体温会骤然降低，会导致胃肠过度收缩，发生腹痛，容易造成“伤水”，即肠痉挛。喂饲中可通过拌草补充水分。每次吃完干草后也可饮些水，但饲喂中间或吃饱之后，不宜大量饮水，因为这样会冲乱胃内分层消化饲料的状态，影响胃的消化。待吃饱后过一段时间或至下槽干活前，再使其饮足。一般每天饮水4次，天热时可增加到5次。

76 怎样做好厩舍卫生管理？

厩舍内应干燥，适宜湿度为50%～70%。适宜温度为20℃，即使在冬季，厩舍温度也应在8～12℃，炎热季节应在露天凉棚下喂饲。粪、尿、褥草分解产生的氨气和硫化氢，会影响驴体的健康，因此厩舍的通风换气要良好。此外，厩舍要有良好的采光，要及时打扫卫生，更换褥草。

77 怎样刷拭驴体？

常刷拭驴的皮肤，可清除皮垢、灰尘和体外寄生虫，促进皮肤的血液循环、呼吸代谢，使排汗机能畅通，能增进健康。刷拭还可以增强人驴亲和度，同时可及时发现外伤，对预防破伤风有很重要的意义。刷拭时，用扫帚、鬃刷或铁刷，按由前往后、由上到下的顺序每天刷2次。

78 怎样护理驴蹄？

要经常保持驴蹄清洁，要求厩床平坦、干燥。每1.5～2个月修蹄一次，役用驴还需要钉掌。护理蹄部时，可以及时发现蹄病并治疗。

79 怎样做好驴的运动？

驴运动，是重要的日常工作，可促进代谢，增强体质。尤其是种公驴，适当的运动可提高精液的品质；母驴适当运动可顺产和避免产前不吃、妊娠期浮肿等。运动以驴体微微出汗为宜。在此注意，驴驹过早采用拴系饲养时，为了不妨碍其生长发育，应给予适当的运动。

80 怎样饲养管理种公驴？

种公驴必须经常保持种用体况，不能过肥过瘦，具有旺盛的性欲和量多质优的精液，以保证较高的受胎率。饲养种公驴除遵循驴的一般饲养管理原则外，还应做好以下几项工作。

（1）满足种公驴的营养需要　在配制种公驴的日粮时，要减少粗饲料比例，加大精饲料比例（占1/3～1/2），控制能量饲料的比例。配种任务大时，还需增加鸡蛋、牛奶、鱼粉等动物性饲料，以及石粉、磷酸二氢钙等矿物质饲料的喂量。此外，每头种公驴每日喂食盐30～50克，贝壳粉、石粉或磷酸二氢钙40～60克，使日粮中钙、磷的比例维持在（1.5～2.0）：1。为使精液品质在配种时能达到要求，应在配种开始前1～1.5个月，加强饲养。一般大型种公驴在非配种期，日喂谷草或优质干草5～6千克，精饲料1.5～2千克；中型公驴日喂干草3～4千克，精饲料1～1.5千克。进入配种期前1个月，开始减草加料，达到配种期日粮标准：大型驴谷草3.5～4千克，精饲料2.3～3.5千克，其中豆饼或豆类不少于25%～30%；早春缺乏优质青干草时，每天应补给胡萝卜1千克或大麦芽0.5千克。例如，宁河县种驴场驴种的日粮搭配：豆饼30%、高粱20%、玉米28%、麸皮22%、骨粉40克、食盐50克；精饲料日喂量：配种季节3.5千克，非配种季节2.5千克；早春每日补饲胡萝卜2.5千克，饲草以谷草、青干草为主，同时喂以少部分青贮玉米或苏丹草。

（2）掌握种公驴适宜的运动强度，增强体质　要处理好种公驴的营养、运动和配种三者之间互相制约而又平衡的关系。配种任务重的种公驴，可减少运动次数，增加营养（蛋白质饲料）；配种任务轻的种公驴，则可增加运动次数或适当减少精饲料，防止其过肥。运动一般采用轻度使役或骑乘，也可在转盘式运动架上驱赶运动，时间为 1.5～2 小时。运动可提高精子活率，但配种（采精）前后 1 小时要避免剧烈运动，配种后要牵遛 20 分钟。种公驴除饲喂时间外，其他的时间可在运动场进行小范围内的自由活动，不要拴系。

（3）合理配种　在一个配种期内，一头公驴平均负担 75～80 头母驴的配种任务，一般每天配种（采精）1 次，每周休息 1 天；偶尔 1 天 2 次时，需间隔 8 小时以上。青年公驴的配种频率要比壮龄公驴少。总之，配种次数要依精液品质检查的结果而定。配种过度，会降低精液质量，影响繁殖力，造成不育，同时也会缩短种公驴的利用年限。

81 怎样饲养管理繁殖母驴？

繁殖母驴是指能正常繁殖后代的母驴，它们一般兼有使役和繁殖的双重任务。养好繁殖母驴的标志是：膘情中等；空怀母驴能按时发情，且发情规律正常，配种后容易受胎；怀孕后胎儿发育正常，不流产；母驴产后泌乳力强。繁殖母驴从早春发情配种到翌年分娩，正好是一个年度。在不同季节，繁殖母驴有不同的饲养管理和营养需要。例如，宁河县种驴场的全舍饲母驴，以供给精饲料为例：配种期间（即每年 3—10 月）每日每头驴 1.5 千克，非配种期每日每头驴 1 千克。具体各阶段的管理要点为：

（1）空怀母驴　春季母驴一般膘情差，只有加强营养，减轻使役强度，使母驴保持中等膘情才有利于其发情、配种和受胎。舍饲的种用母驴，如不使役、不运动，营养过剩时脂肪沉积在卵巢外不利于繁殖，因此应加强运动和限食，使其恢复繁殖能力。配种前 1 个月，对空怀的母驴应进行普查，对有生殖疾患者的要及时治疗。

（2）妊娠母驴　防止流产，保证产后泌乳和胎儿的正常发育，是母驴在妊娠阶段的重要任务。

除疾病可引起流产外，母驴流产容易发生在其妊娠后的1个月，这一时期胚胎游离于子宫，因此对孕驴要停止使役，并给予全价的营养。而妊娠后期的流产，多因天气变化，或因母驴吃霜草、吃霉变饲料，或因使役不当而造成的，所以应加强饲养管理。

妊娠前6个月，胎儿增重速度慢；7个月后，胎儿增重速度很快。因此，应增加蛋白质饲料，选喂优质饲草，尽量放牧饲养。妊娠后半期，日粮种类要多样化，以满足胎儿对大量蛋白质、矿物质和维生素的需要。同时，要补充青绿多汁饲料，减少玉米能量饲料喂料，使日粮饲料质地松软、轻泻，易消化。对繁育场的母驴，妊娠后期缺少优质饲草和青绿饲料，加上不使役、不运动，因此易患产前不食症。其实质是肝脏机能失调，形成高血脂、脂肪肝，有毒的代谢产物排泄不出去，往往会造成死亡。

产前15天，母驴应停止使役，并移入产房，由专人守候，单独喂养。饲料总量应减少1/3，每天喂4～5次。母驴每天仍要适当运动，以促进其消化。

母驴分娩后1小时即可完全排出胎衣，此时要及时消毒外阴，并让母驴饮麸皮水或小米粥（30～35℃），外加0.5%～1%的食盐。产后1～2周，要控制母驴的草料喂量，做到逐渐增加，10天左右恢复正常。母驴产后1个月内要停止使役，产房要保暖、防寒，褥草要厚、干净，并及时更换。

（3）哺乳母驴　哺乳母驴既要满足泌乳需要，又要有及时发情、排卵、受胎所必备的体况。根据母驴泌乳所需，产后头3个月的精饲料和蛋白质占总日粮的比例要比产后4～6个月的高。哺乳母驴饮水要充足。哺乳母驴宜使轻役、跑短途，途中多休息，以便让驴驹吃好奶。

繁殖上，要抓住第一个情期的配种工作，否则易受哺乳影响，母驴不易配种成功。

 怎样饲养管理哺乳期幼驹?

（1）尽早吃上初乳　幼驹出生半小时站起来后就让其吃上初乳，方法是：先将母驴奶挤在手指上给幼驴驹舔吃，后将手移到母驴乳头上，引导幼驹吃上初乳。如果幼驹超过 2 小时不能站立，则应挤出初乳，用奶瓶饲喂，每隔 2 小时饲喂 1 次，每次 300 毫升。母驴产后 3 天以内分泌的乳汁叫做初乳，其乳汁浓稠，颜色淡黄，蛋白质含量多，具有增强幼驴驹体质、抗病免疫力及促进排出胎粪的特殊作用，所以应让幼驹尽早吃上初乳。但是千万不能给骡驹初乳吃，因为马与驴交配受胎后，母驴或母马产生的一种抗体主要存在初乳中，骡驹吃奶后红细胞会被溶解、破坏，从而使骡驹患溶血症。新生骡驹溶血症发病率达 30%以上，且发病迅速，病情严重，死亡率达 100%。因此，骡驹出生后要先进行人工哺乳，喂鲜牛奶 250 克或奶粉 20 克。鲜奶煮沸、加糖，再加 1/3 沸水，晾温后饲喂，每隔 2 小时喂 250 毫升。或与其他母马（驴）交换哺乳，或找其他母马（驴）代养。一般经3～9 天待这种抗体消失后，再让骡驹吃自己母亲的奶就不会发病了。

（2）注意看护幼驴驹　刚出生的幼驴驹行动不灵活，易摔倒、跌伤，所以要精心照料。注意幼驹胎粪是否排出，并使其及时多吃初乳。如果幼驴驹 1 天没有排出胎粪，可给其服用油脂或找兽医诊治。要经常观察幼驹尾根或厩舍墙壁是否被粪便污染。要看脐带是否发炎，幼驴驹精神状态如何，母驴乳房是否有水肿等，做到早发现早治疗。

（3）无乳驴驹的哺育　幼驴出生后，遇上母驴死亡或母驴没奶时，要做好人工哺乳工作，最好是找产期相近的母驴代养。方法是在代养的母驴和寄养的幼驴驹身上涂洒相同气味的水剂，人工辅助诱导幼驴驹吃奶。如果没有条件，则可用奶粉或鲜牛奶、羊奶进行人工哺乳。

喂奶前，要撇去上层脂肪，按 2 升牛奶加 1 升水的比例稀释，再加 2 汤匙左右的白糖；或 1 升羊奶加 500 毫升水和少量白糖。煮沸后晾至35℃左右，再用婴儿哺乳瓶给幼驴驹饲喂。初生至7日龄内的幼驴驹每小时哺乳1次，每次150～250毫升。8～14日龄的幼驴驹白天每2小时喂1次，夜间每3～4小时喂一次，每次250～400毫升。15～30日龄时，每日喂4～5次，每次1升。30日龄至断奶，每日3～4次，每次1升。要酌情饲喂，保持幼驹八成饱即可。

（4）幼驹的提早补饲　幼驹出生后半个月，就应开始训练其吃草料，这对促进幼驹消化道发育、缓解母驴泌乳量逐渐下降和幼驹生长迅速的矛盾都十分有利。补饲的草料要用优质禾本科干草和苜蓿干草，任幼驹自由采食。精饲料可用压扁的燕麦及麦麸、豆饼、高粱、玉米、小米等，喂前要破碎或浸泡，以利于幼驹消化。幼驹补饲的时间要与母驴饲喂时间一致，应单设小槽，与母驴分开饲喂。

具体补饲量要根据母驴的泌乳量，幼驹的营养状况、食欲和消化情况灵活掌握。喂量由少到多，开始可由50～100克逐渐增加；2～3个月龄时每日喂量500～600克；5～6个月龄时每日喂1～2千克。一般在3月龄前每日补饲1次，3月龄以后每日补饲2次。如果每日饲喂2～2.5千克乳熟期的玉米果穗（切碎后喂），则效果更好。每日要喂食盐15克、骨粉15克。母驴放牧时最好让驴驹随同，这样既可使驴驹吃到青草，又得到了运动。

83 怎样饲养管理断奶期驴驹？

驴驹的断奶也是养驴生产的一个重要环节，在断奶后经过的第一个寒冬就是驴驹生活中的最大转折。此阶段如果饲养管理跟不上，就会造成幼驹营养不良、生长发育迟缓或其他损失和疾病。

（1）适时断奶　一般情况下，哺乳母驴多在产后第一情期时再次配种妊娠，泌乳量逐渐减少。而幼驹长到4～5月龄时，已能独立采食，因此一般在5～6月龄时断奶。断奶时要观察母驴的健康状况和驴驹的发育情况，灵活掌握断奶时间。断奶过早，驴驹吃奶不足，会影响发育；断奶过晚，又会影响母驴的膘情和妊娠中胎儿的发育。

（2）断奶方法　选择晴好天气，把母驴和驴驹牵到事先准备好的断奶驴驹舍内饲喂，到傍晚时将母驴牵走，幼驹仍留在原处；第2天将母驴圈养1天，第3天开始放牧或轻度运动。为防止幼驹因思念母亲而烦躁不安，可选择性情温驯、母性良好的老母驴或骟驴来陪伴幼驹，这样幼驹被关在舍内2～3天后即逐渐安定下来。每日可将幼驹放入运动场自由活动1～2小时，以后再逐渐延长活动时间。为了安抚幼驹，防止其逃跑或跳圈，必须让母驴远离幼驹。这样经过6～7天，就可以对幼驹进行正常的饲养管理了。

（3）断奶后的饲养管理　驴驹断奶后即开始独立生活。第1周实行圈养，每日补4次草料。要喂给适口性好、易消化的饲料，饲料配合要多样化，最好用淡盐水浸草焖料。每日可喂混合精饲料1.5～3千克、干草4～8千克，且饮水要充足，有条件的可放牧或在田间放留茬地。

断奶后很快就进入冬季。此时生活环境改变，气候寒冷，一定要对幼驴加强护理，备好防寒保温的圈舍、圈棚，精心饲养，抓好幼驴秋膘。备好优质的饲草、饲料。同时，要加强幼驴运动，千万不可“蹲圈”。我国北方早春季节气温多变，幼驴容易患感冒、消化不良等疾病，要做到喂饱、饮足、运动适量，防止疾病发生。驴驹满周岁后，要公、母分群饲养。对不能用作种用公驴要去势。开春至晚秋，各进行一次驱虫和修蹄。要抓好放牧、补喂青草工作，并适当补给精饲料。

驴驹的调教也是断奶之后一项细致、科学性很强的工作，饲养人员可通过饲养、刷拭、抚摸来建立人驴的亲和感情，对待驴驹要耐心、细致，不能施暴乱打。

84 养驴过程中的日常记录主要包括哪些内容？

（1）生产记录　主要包括驴饲养的圈、舍、栏的编号或名称；出生、调入、调出、死淘的时间和数量；存栏总数；配种及分娩等。另外，母驴还要记录配种、分娩、驴驹出生体重等情况，公驴记录采精情况；肉驴记录入栏体重、出栏体重等。

（2）饲料、饲料添加剂使用记录　主要包括饲料、饲料添加剂的名称、生产厂家、生产批号、生产日期、使用数量、开始使用时间和停止使用时间等。

（3）兽药使用记录　主要包括兽药名称、生产厂家、生产批号、生产日期、使用数量、开始和停止使用时间等。

（4）消毒记录　内容主要包括消毒日期、场所、消毒药名称、剂量、方法。

（5）免疫记录　主要包括时间、圈舍号、存栏数量、免疫数量、疫苗名称、疫苗生产厂、批号、免疫方法、免疫剂量、免疫人员等。

（6）诊疗记录　主要包括时间、圈舍号、日龄、发病数、病因、诊疗人员、用药名称、用药方法、诊疗结果。

（7）防疫监测记录　主要包括采样日期、圈舍号、采样数量、监测项目、监测单位、监测结果、处理情况等。

（8）病死驴无害化处理记录　主要包括日期、数量、处理或死亡原因、处理方法、处理单位等。

85 驴场的粪污等废弃物怎样进行资源化利用或无害化处理？

规模化养殖场的粪便排放量比较多，是废弃物中的主要部分，如果处置不当，可变成重要的环境污染源。但如果经过无害化处理，并加以科学的合理利用，则可以变为宝贵的资源。驴场的粪污等废弃物可通过以下几种方式利用。

（1）粪污还田，用作肥料。

（2）用作沼气原料。

（3）用作培养料。

驴场和粪污等废弃物在科学合理利用前需要进行无害化处理，目前常用的处理方式有自然发酵和废水固液分离两种方法。

九、驴的育肥与运输

86 什么叫驴的肉用育肥？其育肥方式有哪些？

驴的肉用育肥，就是科学地应用饲草饲料和管理技术，以较少的饲料和较低的成本，在较短的时间内获得较高的产肉量和高质量的育肥肉驴。肉驴育肥的方式有很多，但主要有：舍饲育肥、半放牧半舍饲育肥、小规模化育肥、集约化育肥、自繁自养式育肥、异地育肥等。

（1）舍饲育肥　指在舍饲条件下，应用不同类型的饲料对驴进行育肥。由于育肥驴类型和采用饲料类型不同，因此这种育肥的效果也不同。例如，对老龄凉州驴用单一的豆科干草育肥 60 天，平均日增重 247 克；对老龄关中驴、凉州驴采用麦草-精饲料型的日粮育肥 25 天，平均日增重 435 克，育 35 天平均日增重为 299 克；而对老龄驴占 60%的晋南驴进行 70 天的优质豆科、禾本科干草-精饲料型日粮育肥，30 天内平均日增重为 700 克，31～50 天平均日增重为 630 克，而 51～70 天平均日增重为 327 克，全程 70 天平均日增重为 574 克。相比而言，干草-精饲料型日粮较为优越。

为了使耗料增重比经济合理，驴的舍饲育肥不宜积累过多的脂肪，达到一级膘度就应停止育肥。优质干草-精饲料型的日粮以育肥 50～80 天为好。高中档肉驴育肥的时间要长，肉的售价也高。驴在正式进入育肥期之前，都要达到一定的基础膘度。

（2）半放牧半舍饲育肥　在马属动物中，驴的放牧能力较差。但是，如有良好的豆科-禾本科人工牧地，驴能进行短期的强度放牧育肥，使其达到中等膘度，然后再进行短期 30～50 天的舍饲育肥。这样不仅节约成本，而且可以取得良好的育肥效果。

（3）小规模化育肥　在农村的有些地方，以出售老残驴和架子驴的居多，有条件的养殖户可就地收购育肥。这样可减少外来驴由于条件的改变而产生的应激和换料的不适，缩短育肥时间、提高经济效益。此种育肥方式的驴群可大可小，一年可分批育肥几批驴。

（4）集约化育肥　集约化育肥是肉用驴育肥的发展方向。其特点是要建设专门化的养驴场，进行大规模集约化生产，通过机械化饲喂和清粪，大大提高了劳动生产率。这种育肥方式，要求在厩舍内将不同类型的驴分成若干小群，进行散放式管理。小群间的挡板为移动式的，有利于适应驴群数量的变化和机械清理粪便。炎热季节育肥驴可在敞圈或带棚的圈里饲养，冬季在厩舍里饲养。育肥场和厩舍小圈内都设有自动饮水器和饲槽。厩舍地面硬化，给料由移动式粗料分送机和粉状配合饲料分送机完成。出粪由悬挂在拖拉机上的推土铲完成。要求同批育肥的驴（50～100 头）有一致的膘度。驴驹的育肥应单独组群。接受育肥前，要对驴进行检查、驱虫、称重确定其膘度，然后对驴号、性别、年龄和膘度进行登记。对育肥效果差的驴（如老龄驴、患胃肠疾病的驴和伤残驴等）在预饲期开始的 10～15 天内要查明原因，将其剔出育肥群后再进行集中育肥。剔出育肥群的驴经合理饲养后屠宰。

（5）自繁自养式育肥　该种育肥方式集驴的繁育和育肥为一体，小规模的零星养殖户可采用，现代化大规模生产也可采用。现代化大规模生产需要形成一个完整的体系，要有肉驴的育种场、繁殖场、育肥场等。不仅便于肉用驴专门化品系的选择、提高，也利于驴肉的高质量标准化生产和效益的进一步提高。

（6）异地育肥　异地育肥是指在自然条件和经济条件不同的地区分别进行驴驹的生产、培育和架子驴的专业化育肥。这可以在半牧区或产驴集中而经济条件较差的地区，充分利用当地的饲草、饲料条件，先将驴驹饲养到断奶或 1 岁，再将其转移到精饲料条件好的农区进行短期强度育肥后出售或屠宰。

87 肉用驴产肉性能常用指标有哪些？

肉用驴产肉性能主要考虑以下屠宰指标。

（1）宰前活重　指绝食24小时后临宰前的实际体重。

（2）胴体重　指实测重量，指宰后除去血、皮、内脏（不含肾脏和肾脂肪）、头、腕跗关节以下的四肢、尾和生殖器官及脂肪后的冷却胴体重。

（3）屠宰率　指胴体重占宰前活重的比例。

（4）净肉重　指胴体剔骨后的全部肉重（包括肾脏等胴体脂肪）。

（5）眼肌面积　指12肋骨后缘眼肌的面积。

（6）熟肉率　取腿部肌肉1千克，在沸水中煮沸2小时，测定生熟肉之比。

88 影响肉用驴育肥效果的因素有哪些？

（1）品种　不同品种的驴，在育肥期对营养的需要有较大差别。一般说，肉用品种的驴得到相同日增重，所需要的营养物质低于非肉用品种。

（2）年龄　不同生长阶段的驴，育肥期间所要求的营养水平也不同，通常单位增重所需的营养物质总量以幼驹最少、老龄驴最多。年龄越小，育肥期越长，如幼驹需1年以上；年龄越大，则育肥期越短，如成年驴仅需3～4个月。

（3）环境温度　环境温度对育肥驴的营养需要和日增重影响大。驴在低温环境中，饲料利用率下降。在高温环境中，驴的呼吸次数增加，采食量减少，温度过高会导致停食，特别是对育肥期后期的驴膘较肥，高温危害更为严重。根据驴的生理特点，适宜的育肥温度为16～24℃。

（4）饲料种类　饲料种类的不同，会直接影响到驴肉的品质。饲料种类对驴肉的色泽、味道有重要影响。例如，以黄玉米育肥的驴，其肌肉及脂肪呈黄色，香味浓；喂颗粒状的干草粉及精饲料，能迅速在肌肉纤维中沉积脂肪，并提高肉品质；多喂含铁量多的饲料则肉色浓；多喂荞麦则肉色淡。

89 怎样掌握肉用驴育肥的要点？

（1）育肥期各类饲料的比例　饲喂肉驴日粮中粗饲料和精饲料的比例为：育肥前期，粗饲料占 55%～65%，精饲料占 45%～35%；育肥中期，粗饲料占 45%，精饲料占 55%；育肥后期，粗饲料占 15%～25%，精饲料占 85%～75%。

（2）肉驴育肥的营养模式　肉驴在育肥全过程中，按营养水平可分为以下 5 种模式：

①高高型　从育肥开始至结束，全程高营养水平。

②中高型　育肥前期中等营养水平，后期高营养水平。

③低高型　育肥前期低营养水平，后期高营养水平。

④高低型　育肥前期高营养水平，后期低营养水平。

⑤高中型　育肥前期高营养水平，后期中等营养水平。

一般情况下，肉驴育肥采用前 3 种模式，特殊情况时才采用后 2 种模式。

（3）出栏体重与饲料利用率　出栏体重由市场需求而确定。出栏体重不同，饲料消耗量和利用率也不同。一般规律是，驴的出栏体重越大，饲料利用率就越低。

（4）出栏体重与肉品质　同一品种，驴肉品质与出栏体重有密切的关系。出栏体重小的驴，其肉品质不如出栏体重大的。

（5）补偿生长　驴在生长发育过程中的某一阶段因某种原因，如饲料供应不足、饮水量不足、生活环境条件突变等，驴的生长会受阻。当驴的营养水平和环境条件适合或满足其生长发育条件时，则驴的生长速度在一定时期内会超过正常水平，把生长发育阶段损失的体重弥补回来，并能追上或超过正常生长的水平，这种特性称之为补偿生长。

能否利用补偿生长的原理达到节约饲料、节省饲养成本的目的，取决于驴生长受阻的阶段、程度等。即补偿生长是有条件的，运用得当可以大获利益，运用不当则会受到较大损失。补偿的条件为：生长受阻时间3～6个月；幼驹及胚胎期的生长受阻，补偿生长效果较差；初生至3月龄时所致的生长受阻，补偿生长效果不好。

（6）最佳育肥结束期　判断肉驴最佳育肥结束期，不仅对节约投入、降低成本等有利，而且对保证肉品质也有极重要的意义。一般有以下几种方法：

①从采食量判断　在正常育肥期，肉驴的饲料采食量是有规律可循的，即绝对日采食量随育肥期的增重而下降，如下降量达到正常量的1/3或更少；或按活重计算，当日采食量（以干物质为基础）为体重的1.5%或更少时，就已达到育肥的最佳结束期。

②用育肥度指数来判断　可参考肉牛的指标，即利用活驴体重与体高的比例关系来判断，指数越大，育肥度越好，但不是无止境的，以526为最佳。指数计算方法：（体重/体高）×100。

③从肉驴体型外貌来判断　检查判断的标准为：必须有脂肪沉积的部位是否有脂肪及脂肪量的多少；脂肪不多的部位其沉积的脂肪是否厚实、均衡。

90 各生长阶段肉驴有哪些育肥技术？

（1）幼驹育肥技术

①影响幼驹育肥的因素　影响幼驹育肥成功的因素有：对育肥驴本身生产性能的选择，育肥期的饲养管理技术，饲养和环境条件。

②育肥饲料　育肥前期，日粮以优质精饲料、干粗料、青贮饲料、糟渣类饲料为主。育肥后期，增加精饲料喂量，以生产优质品和产肉量为主要目标，提高胴体重量，增加瘦肉产量。在育肥生产时，要考虑3个方面，即胴体脂肪沉积适量、胴体重较大和饲养成本低。

③育肥管理　采用群养，不设运动场，让幼驹自由采食、饮水，每日清理粪便1～2次；使用无公害的增重剂和促生长剂；定

期驱虫保健和进行防疫注射；采用有顶棚、大敞口的圈舍或塑料薄膜暖棚圈技术；及时分群饲养，保证幼驹能获得均匀的生长发育；根据不同育肥期和增重效果，及时调整日粮；对个别贪食的幼驹应限制其采食，防止脂肪沉积过度，降低驴肉品质。

（2）阉驴育肥技术

①精饲料型模式　以精饲料为主，粗饲料为辅。该模式育肥规模大，便于多养，可满足市场上对不同驴肉档次的需要，同时要克服饲料价格、架子驴价格、技术水平和屠宰分割技术等限制因素。

②前粗后精育肥模式　前期多喂粗饲料，精饲料相对集中在育肥后期饲喂。此种育肥模式可以充分发挥驴补偿生产的特点和优势，获得满意的育肥效果。在前粗后精型日粮中，粗饲料是肉驴的主要营养来源之一，因此要特别重视粗饲料的饲喂。将多种粗饲料和多汁饲料混合饲喂，效果较好。此种育肥模式中，前期一般为150～180天，粗饲料占30%～50%；后期一般为8～9个月，粗饲料占20%。

③糟渣类饲料育肥模式　糟渣类饲料是肉驴饲养中粗饲料的重要来源，合理利用可以大大降低肉驴的生产成本，其一般占日粮总营养物质的35%～45%。利用糟渣类饲料喂肉驴时应注意：不宜把糟渣类饲料作为日粮的唯一粗饲料，应和干粗料、青贮料配合；长期使用白酒糟时应在日粮中补充维生素A，每日每头1万～10万国际单位；糟渣类饲料与其他饲料搅拌均匀后饲喂；糟渣类饲料应新鲜，发霉变质时不能使用；各种糟渣因原料不同、生产工艺不同、水分不同，其营养价值差异很大，长期固定饲喂某种糟渣时，应对其所含主要营养物质进行测定。

④放牧育肥模式　在有可利用草场的地区采用放牧育肥，也可收到良好的育肥效果，但要合理组织，做好技术工作。一是合理利用草场资源，南方可全年放牧，北方可在5—11月放牧，11月至翌年4月舍饲；二是合理分群，以草定群，依草场资源性质合理分群，中等天然草场，每头驴应平均占有1～2公顷的轮牧面积；三是定期驱虫、防疫；四是放牧期间夜间补饲混合饲料，每头每日补

饲的混合精饲料的量为肉驴活重的1%～1.5%，补饲后要保证充足饮水。

（3）成年架子驴育肥技术

成年架子驴指的是年龄超过3～4岁、淘汰的公母驴和役用老残驴。这种驴育肥后肉质不如青年驴育肥后的肉质，脂肪含量高，饲料报酬和经济效益也较青年驴差。但经过育肥后，经济价值和食用价值还是得到了很大提高。成年架子驴的快速育肥分为两个阶段，时间为65～80天。

①成熟育肥期　此期为45～60天，是成年架子驴育肥的关键时期，要限制其运动，增喂精饲料（粗蛋白质含量要高些），同时增加饲喂次数，以促进增膘。

②强度催肥期　一般为20天左右。目的是通过增加肌肉纤维间脂肪沉积的量来改善驴肉的品质，使之形成大理石状瘦肉。此期日粮浓度可再适当提高，同时增加驴的采食量。

对成年架子驴的育肥一定要加强饲养管理，公驴要去势，待育肥的驴要驱虫，注意厩舍和驴体卫生。对从市场新购回的驴，为减少应激，要有一个15天左右的适应期。刚购回的驴应多饮水，多给草，少给料，3天后再开始饲喂少量精饲料。

（4）青年架子驴育肥技术

青年架子驴的育肥年龄为1.5～2.5岁，2.5岁时育肥应当结束，形成大理石状或雪花状的瘦肉。饲养要点为：

①适应期　除自繁自养的外，新引进的青年架子驴，因长途运输和应激强烈，其体内严重缺水，所以要注意水的补充，同时投以优质干草，这样2周后即可恢复正常。对这些驴要根据强弱大小分群，注意驱虫和日常的管理工作。

②饲喂方法　分自由采食和限制饲喂两种。前者工作效率高，适合于机械化管理，但不易控制驴的生长速度；后者饲料浪费少，能有效控制驴的生长速度，但因受制约，所以影响驴的生长速度。总体来说，自由采食法比限制饲喂采食法理想。

③生长育肥期　重点是促进架子驴的骨骼、内脏、肌肉的生

长。要饲喂富含蛋白质、矿物质和维生素的优质饲料，使青年驴在保持良好生长发育的同时，消化器官得到锻炼。此阶段能量饲料要限制饲喂，育肥时间为2～3个月。

④成熟育肥期　这一阶段的饲养任务主要是提高驴肉品质，增加肌肉纤维间脂肪的沉积量。因此，日粮中粗饲料的比例不宜超过30%～40%；饲料要充分供给，以自由采食效果较好，育肥时间为3～4个月。

91 异地运输育肥驴需哪些手续和证件？

异地运输育肥驴时。主要的手续和证件包括：①准运证；②税收证据；③兽医卫生健康证件（主要有非疫区证明、防疫证和检疫证明等）；④车辆消毒证件；⑤技术改进费；⑥自产证件（证明畜方产权）。

92 运输前做哪些准备工作？

（1）对驴的准备工作

①常规检查　有外伤、皮肤病、肢蹄病、发热、流涕、咳嗽、呆滞、食欲不佳和精神沉郁等的驴均不推荐运输。

②饲草料准备　要准备干净、新鲜、无发霉变质的优质饲草料。需要注意的是：驴运输产生应激反应时，对钾的需要量会提高20～30倍。因此，驴在运输前应提高日粮中钾的含量，每天每100千克体重供给驴氯化钾20～30克。另外，运输应激反应发生后，驴合成维生素C的能力降低，而机体的需要量却增加；同时，维生素C还能促进食欲、提高抗病力、抑制应激时体温的升高，因而可在日粮中添加0.06%～0.1%的维生素C，或饮水中添加0.02%～0.05%的维生素C。日粮中补充镁可降低驴的兴奋性。在驴转运前3天内饲喂镁含量较高的日粮，能有效减少运输途中的损失。饲喂/注射银黄颗粒和黄芪多糖，能提高驴免疫力。

③饮用水或补液盐准备　长距离运输时，运输前应给驴充足

的饮水。有条件的备足补液盐（每千克含氯化钠 3.5 克、氯化钾 1.5 克、碳酸氢钠 2.5 克、葡萄糖 10 克）、中药粉（藿香正气散加苦参、黄连、金银花），1 吨水内加入口服补液盐 17.5 千克、中药粉 5 千克。

（2）车辆准备

①清洗消毒　运输前车辆必须清洗干净并消毒（如 3%～5% 来苏儿水）。铺垫 5～7 厘米干草，有条件的可铺垫草帘子。

②增加装车密度　适当增加装车密度可以限制驴的活动范围，减轻车辆颠簸和振荡，从而降低应激反应。如果驴数量较少，则可用绳索捆绑限制其活动范围，并确保驴头部面向车辆两侧。

③设有挡篷　车辆要设有挡篷，特别是车的前部。遇到雨雪天气尽量避免运输，必须运输时要盖上遮篷。

93 运输育肥驴过程中应注意哪些问题？

育肥驴在运输过程中，不论是赶运，还是用车辆运输，都会出现应激反应，即驴的生理活动发生改变。减少运输过程中的应激，常用的措施有如下几点：

第一，口服或注射维生素 A。运输前 2～3 天开始，每头驴每天口服或注射维生素 A 25 万～100 万国际单位。

第二，装运前合理饲喂。装运前 3～4 小时应停止饲喂具有轻泻性的饲料。装运前 2～3 小时，不要过量饮水。

第三，赶运或装运过程中，切忌任何粗暴行为。

第四，合理装载。用汽车装载，每头驴根据体重大小应占一定面积，为 0.5～1.2 米^2。

第五，运输到目的地后，饮水要限量，补喂人工盐。逐渐更换饲料。

驴的长途运输，特别是引种，一般在春、秋两季进行。从北方向南方转运驴，多在秋季（9—11 月）进行。最好在天气状况良好，无风或微风条件下进行。且运输时尽量做单层运输，平缓驾驶。

94 运输到达后应做哪些工作？

（1）接驴准备

①圈舍准备　圈舍加强通风换气，及时清洁消毒，降低舍内氨臭味，减少蚊蝇。

②抗菌药物准备　抗生素对驴病的早期治疗有一定效果，最好选用针对支原体与细菌高敏感性的药物，如环丙沙星、四环素、泰乐菌素类、替米考星和泰妙菌素类抗菌药等。

（2）应激处理　卸载后，让驴自由活动2小时左右，再给予其清洁水饮用（冬季给予干净温水）。有条件的可以在饮水中添加电解多维和高剂量的维生素C等，也可熬煮板蓝根水加少量的糖盐给予饮用。5小时后可以给予优质的干草。在1个星期内不要饲喂具有轻泻性的青贮饲料、酒渣、鲜草和易发酵饲料，少喂精饲料，多喂干草，使驴吃六成饱即可。

（3）隔离观察　驴到场后，需隔离观察15天，每天要深入驴群观察驴群精神状态。刚到场的驴可能会因环境不适而出现感冒等其他症状，此时需要及时单独隔离，在衡量经济和饲养价值后再做出治疗或淘汰的处理。

（4）加强饲养管理　配备足够的人力、物力、设施设备，做好兽医卫生防疫工作，丰富饲草料类别，按时按量投料，保障清洁饮水。

十、驴的饲料与配制

95 驴生长发育所需要的营养物质有哪些?

营养物质是指能被家畜采食、消化、利用的物质。驴生长发育所需要的营养物质包括以下6类:

(1) 水分　是驴体中含量最多、最重要的成分。水对驴体正常代谢有特殊作用,营养物质的消化、吸收一系列复杂过程,都是以水为媒介的。机体代谢的废物也是通过水而排出体外。另外,水还能调节体温、润滑关节和保持体形。驴每100千克体重需饮水5~10千克。多饮水有利于减少消化道疾病,有利于肉驴育肥。

(2) 蛋白质　是组成驴体所有细胞、酶、激素、免疫体的原料,机体的物质代谢也靠蛋白质维持。不仅是驴驹和种用公、母驴,还是肉用驴对蛋白质的需求都较大。

(3) 碳水化合物　是饲料的主要成分,包括粗纤维、淀粉和糖类。粗纤维主要存在于粗饲料中,虽不易被消化利用,但能填充胃肠,使驴有饱感,另外还能刺激胃肠蠕动,因此是重要的物质。淀粉和糖主要存在于粮食及其副产品中。碳水化合物既是驴体组织、器官不可缺少的成分,又是驴体热能的主要来源,剩余的碳水化合物还能转化成体脂肪,以备驴饥饿时利用。饲料营养成分表中"无氮浸出物",是指碳水化合物中除去粗纤维部分的营养物质。

(4) 脂肪　是供给驴体的重要能源。贮存于各器官的细胞和组织中,同时也是母驴乳汁的主要成分之一。维生素A、维生素D、维生素E、维生素K和激素的溶剂,需借助于脂肪才能被吸收、利用。驴对脂肪的消化利用率不如其他反刍家畜，因此含脂肪多的饲料（如大豆）不可多喂。

（5）矿物质　是一类无机的营养物质。占驴体矿物质元素总量99.95%的钙、磷、钾、钠、氯、镁和硫等称之为常量元素；占驴体矿物质元素总量0.05%以下的铁、锌、铜、锰、钴、碘、钼和铬等称之为微量元素。矿物质占驴体重的比例虽然很小，但其参与机体所有的生理过程，同时也是驴体骨骼的组成成分。这些物质只能从饲料中摄取，不会在体内合成，供给不足或比例失调时，驴就会发生矿物质缺乏症或中毒症。

（6）维生素　是机体维持生命代谢不可缺少的物质。也是酶的组成成分，在生理活动中起“催化剂”的作用，以保证驴正常生活、生长、繁殖和生产。维生素分维生素A、维生素C、维生素D、维生素E、维生素K和B族维生素等，如果缺乏会引起各种维生素缺乏症。由于植物性饲料中维生素含量较多，有的在体内还可以合成，因此散养放牧的驴一般不会发生维生素缺乏症，但在集约化密集饲养的情况下要注意日粮中维生素的补充。

96 驴的消化生理有哪些特点？

（1）采食慢　驴采食慢，但咀嚼次数多，这与它有坚硬、发达的牙齿和灵活的上、下唇有关，因此适宜咀嚼粗硬的饲料，但要有充足的采食时间。驴的唾液腺发达，每1千克草料可由4倍的唾液泡软消化。

（2）胃小　驴的胃只相当于同样大小牛的1/15。驴胃的贲门括约肌发达，而呕吐神经不发达，故不宜喂易溶解产气的饲料，以免造成胃扩张。食糜在胃中停留的时间很短，当胃容量达2/3时，随不断的采食，胃内容物就不断被排至肠中。驴胃中的食糜分层消化，故不宜在采食中大量饮水，以免打破分层状态，将未充分消化的食物冲进小肠，这样不利于消化。因此喂驴时要定时定量和少喂勤添。如喂量过多，则易造成胃扩张，甚至胃破裂。同时要求饲料疏松，易消化，便于转移，不在胃内黏结。

（3）肠道容积大，但口径粗细不均　驴的肠道容积大，食物在肠道中滞留时间长，但肠道口径粗细不一。例如，回盲口和盲结口较小，饲养不当或饮水不足会引起肠梗死，发生便秘，因此要求给其正确调制草料和供给充足的饮水。正常情况下，食糜在小肠接受胆汁、胰液和肠液多种消化酶的分解，营养物质被肠黏膜吸收后通过血液输往全身。而大肠尤其是盲肠有着牛瘤胃的作用，是纤维素被大量的细菌、微生物发酵、分解、消化的地方。但由于它位于消化道的中、下段，因而对纤维素的消化利用率远远赶不上牛、羊的瘤胃。

97 驴常用饲料有哪些？

驴常用饲料共有8种，即青饲料、粗饲料、青贮饲料、能量饲料、蛋白质饲料、矿物质饲料、维生素饲料、添加剂饲料。

（1）青饲料　青饲料含水量一般在60%以上，富含叶绿素，以青绿颜色而得名，各种野草、栽培牧草、农作物新鲜秸秆等都属青饲料。

①营养特点　优质的青饲料其粗蛋白质含量高，品质也好，必需氨基酸全面，维生素尤其是胡萝卜素、维生素C和B族维生素种类丰富。钙、磷含量多，且比例合适，易被机体吸收，尤其是豆科牧草的叶片含钙更多。青饲料中粗纤维含量少，适口性好，容易消化，有防止便秘的作用。

②调制　夏、秋季节，除抓紧放牧外，刈割的青草或青作物秸秆铡碎后可与其他干草、秸秆掺合喂驴。同时，也应尽量采收青饲料晒制干草或制作青贮饲料。青草的刈割时间对于草质量的好坏影响很大，禾本科青草应在抽穗期刈割，而豆科青草则应在初花期刈割。

刈割后的青草主要用自然干燥法调制成干草，分两个阶段晒制：第一阶段，将青草铺成薄层，在太阳下暴晒，使其含水量迅速下降到38%左右；第二阶段，将半干的青草堆成小堆，尽量减少暴晒时间，主要是风干，当含水量降为14%～17%时堆垛储存，草垛要有防雨设施。调制好的青干草色泽青绿，气味芳香，植株完整且叶片含量高，无杂质、无霉烂和变质。鲜草调制为青干草后，就归入了粗饲料的种类中。

（2）粗饲料　是含粗纤维较多、容积大、营养价值较低的一类饲料，包括干草、秸秆、干蔓藤、秕壳等。

①营养特点　粗饲料中粗纤维含量高，消化率低。粗蛋白质的含量差异很大，粗蛋白质含量豆科干草10%～19%、禾本科干草6%～10%，而禾本科的秸秆和秕壳含3%～5%；粗蛋白质的消化率也明显不同，依次为71%、50%和15%～20%。粗饲料中一般含钙较多，含磷较少，豆科干草和秸秆含钙高（1.5%），相比之下禾本科干草和秸秆含钙少（仅为0.2%～0.4%）。粗饲料中含磷低，仅为0.1%～0.3%，秸秆中的磷含量甚至低于0.1%。粗饲料中维生素含量的差异也大，除优质干草特别是豆科干草中胡萝卜素和维生素D含量较高外，各种秸秆、秕壳中几乎不含胡萝卜素和B族维生素。

②几种秸秆类粗饲料的调制　秸秆类粗饲料的处理主要有物理和机械处理、碱化氨化处理及微生物处理。

A. 物理处理和机械处理　是指把秸秆切短、撕裂或粉碎、浸湿或蒸煮软化等。常用的方法有：一是用铡草机将秸秆切短（2～3厘米）后直接喂驴，此法吃净率低、浪费大；二是将秸秆用盐水浸湿软化，提高其适口性，增加采食量；三是将秸秆或优质干草粉碎后制成大小适中、质地硬脆、适口性好、浪费少的颗粒饲料，这是一种先进的方法；四是使用揉搓机将秸秆搓成丝条状直接喂驴，此法吃净率将会大幅提高，如果再将其氨化饲喂则效果会更好。

B. 碱化处理　碱化即是先将铡短的秸秆装入水池或木槽中，再倒入3倍秸秆重量的石灰水（3%熟石灰水或1%生石灰水）将草浸透压实，经过一昼夜，秸秆黄软后即可饲喂。沥下的石灰水可再次使用，每100升水仅需再加0.5千克的石灰。碱化秸秆以当天喂完为宜。另一种碱化方法是利用氢氧化钠处理秸秆，此效果虽好，但处理成本高，对环境有污染，在此不作介绍。

C. 氨化处理　液氨、碳氨或氨水等，在密闭的条件下可对秸秆进行氨化处理，被处理的秸秆应含15%～20%的水分。氨化时，在密闭的容器或大塑料罩中通入氨气或均匀洒入氨水，以氨量占秸秆干重的3%～3.5%为宜。时间为1～8周，根据处理温度而定，温度高则所需时间短。取用前要摊开使氨气逸净后再喂。用尿素氨化不仅效果好，且操作简单、安全，也无需任何特殊设备。尿素用量占秸秆重量的3%，即将3千克尿素溶解在60千克水中，再均匀地喷洒到100千克秸秆上，逐层堆放、密封。

D. 微生物处理　用纤维素分解酶活性强的菌株培养，分离出纤维素酶或将发酵产物连同培养基制成含酶添加剂，用来处理秸秆或加入日粮中饲喂，能有效提高秸秆的利用率。这是目前秸秆处理的最佳方式，但存在一些问题有待解决完善。

（3）青贮饲料　是将新鲜青饲料，如玉米秆、青草铡短、压实、密封在青贮窖（塔）中，经发酵使其保持青绿、多汁、芬芳的饲料。

①营养特点　可有效保持青饲料中的绝大部分营养成分；适口性和消化率好；可弥补冬、春季节青饲料来源的不足；调制方便，耐久藏；利于消灭作物害虫及田间杂草。

②调制　青贮饲料的含糖量不应少于1.0%～1.5%，以青玉米秸、青高粱秸、甘薯蔓等青绿多汁类秸秆为好，含水量应在65%～75%。采用青贮塔、青贮窖、青贮壕等青贮时，应将原料及时收运、铡短、踩实、压紧，保持适宜水分，密封发酵，使用时要逐层或逐段取用。

（4）能量饲料　是指干物质中粗纤维含量低于18%、粗蛋白含量低于20%的精饲料，如玉米、高粱、大麦、燕麦及其加工副产品的米糠、麦麸、玉米粉渣等。

①营养特点　谷实类饲料，其无氮浸出物含量较高，可占干物质的70%～80%，其中主要是淀粉，体积小、消化率高、适口性好。粗蛋白质一般只含8%～13%，且色氨酸、赖氨酸较少。脂肪含量较低，一般为2%～5%，多由不饱和脂肪酸组成。

钙含量少。有机磷含量虽较多，但主要以磷酸盐形式存在，故不易被吸收。维生素 B_1 和维生素 E 含量丰富，维生素 D 缺乏。其加工的副产品，因大量淀粉被析出，相应增加了粗纤维、粗蛋白质、矿物质和脂肪的含量，所以体积增大，适口性略差。麦麸中含镁盐较多，有轻泻作用。

②调制　方法主要有：

A. 磨碎与压扁　禾谷类籽实经磨碎与压扁后采食，易被消化酶和微生物作用，可提高消化率及驴的增重速度。

B. 湿润　对磨碎或粉碎的饲料，喂前应湿润，以利于采食和防止呛入驴的气管。

C. 发芽　禾谷类籽实大多缺乏维生素，但经发芽后可成为良好的维生素补充料。最常用于发芽的有大麦、青稞、燕麦和谷子等。

D. 制粒　即将各种粉状饲料按一定比例混合后压制颗粒，属于全价配合饲料。

(5) 蛋白质饲料　凡干物质中粗蛋白质含量在20%以上、粗纤维在18%以下的饲料，均属蛋白质饲料。驴的蛋白质饲料主要是豆科籽实和榨油后的副产品——饼粕类。

①营养特点　这类饲料蛋白质含量丰富，比能量饲料高1～3倍；品质好，必需氨基酸全面，特别是赖氨酸含量比能量饲料多。钙含量高，钙、磷比例仍不适宜。豆科籽实中含有不良物质，如抗胰蛋白酶，需加热（110℃，3分钟）处理后才可利用。

②调制　豆科籽实喂前通过焙炒或烘烤、破碎与压扁、浸泡或膨化的方法调制，以提高其营养价值及消化率。饼粕类常含有抗营养因子，应通过蒸煮、发酵的方法脱毒，棉籽饼也可用加硫酸亚铁的方法脱毒（100千克棉子饼加硫酸亚铁1千克）。

(6) 矿物质饲料　包括天然和化工合成的产品，诸如食盐、石粉、磷酸氢钙、氯化钾、硫黄、氧化镁等都是钙、磷、钠、钾、硫、镁、氯等常量元素的原料，而铜、铁、镍、锰的磷酸盐、碘化钾、亚硝酸钠、氯化钴等是提供各种相应微量元素的原料。

①营养特点

A. 在配合饲料中添加量（比例）很小，尤其是微量元素，如硒、碘、钴等用量极小。

B. 有的微量元素和营养需要量与中毒剂量相差很小，多了中毒，少了出现缺乏症，因此需精心调配。

C. 用量比例虽小，但作用特别大。

②调制　矿物质饲料在用前（配料前）要注意各种矿物质元素间的颉颃和协同关系，注意之间的比例关系。例如，食盐添加量应占精饲料的1%，每头驴每日喂20～30克即可。

微量元素在用前必须将其原料稀释到安全量时再用。例如，亚硒酸钠要稀释成1%后，再按需要量去添加（需多次稀释），否则混合不匀容易出问题。在选择载体时，也要选择比重相近、稳定性好的无机物，如沸石等。

（7）维生素饲料　是指以提供动物各种维生素为目的的一类饲料。包括化学合成、生物工程生产或由动、植物原料提纯精制而成的各种维生素制品。

①营养特点　用量小，作用大，是动物健康所必需的物质，缺乏会引起疾病、生理失调，给生产造成严重损失。

②调制　维生素饲料用前必须配成复合维生素添加剂，在混合前一定要进行多次稀释，使其充分混合均匀（同微量元素一样）。

（8）饲料添加剂　饲料中添加饲料添加剂是为了满足驴的营养需要，强化饲料的饲喂效果，促进生长，预防疾病；完善日粮的全价性，增加日粮的适口性，提高驴的食欲；提高驴产品品质。可分为营养性添加剂（如氨基酸、微量元素、维生素等）和非营养性添加剂（如防霉剂、抗氧化剂、保健剂、黏合剂、分散剂、着色剂、调味剂、促生长剂、杀虫剂、酶制剂等）。我国现在已把一部分中草药作为添加剂应用于饲料中。

98 什么是日粮配合？怎样进行驴的日粮配合？

日粮是指一昼夜内一头驴所采食的饲料量，它是根据驴不同生理状态和生产性能的营养需要，将不同种类和数量的饲料合理搭配而成，这种选择、搭配的过程叫日粮配合。凡能全面满足驴的生活、生长、使役、繁殖、育肥等营养需要的日粮叫全价日粮。只有配制出合理的日粮，才能做到科学饲养，提高经济效益。驴日粮配合步骤如下：

（1）根据驴的性别、年龄、体重和生产性能查出相应的饲养标准；

（2）确定所用原料种类；

（3）根据原料的数量、质量和价格等，确定或限制一些原料的用量；

（4）初拟配方；

（5）在初拟配方的基础上，进一步调整钙、磷、氨基酸的需要；

（6）主要矿物质饲料的用量确定后，再调整初拟配方的百分含量；

（7）最后补加（不考虑饲料的百分数）微量元素和多种维生素。

● 日粮配合举例

驴驹年龄1.5岁，体重170千克，预计日增重为0.1千克，其日粮配方步骤如下：

（1）查饲养标准　根据驴驹的年龄、体重和日增重查饲养标准获得该驴的饲养标准（表10-1）。

表10-1　驴的饲养标准

项目	体重（千克）	日增重（千克）	干物质采食量（千克）	消化能（兆焦）	可消化粗蛋白（克）	钙（克）	磷（克）	胡萝卜素（毫克）
标准	170	0.1	2.5	27.13	136	8.8	5.6	11.0

（2）选用饲料原料　本例中可以选用的饲料原料有苜蓿干草、玉米秸、谷草、玉米、麦麸、大豆饼、磷酸氢钙、石粉等。

（3）查所选各种饲料原料的营养物质含量　由驴常用饲料及其营养价值表查出所选各原料营养价值（表 10-2）。

表 10-2　选用原料饲料营养价值表

饲料	干物质（%）	消化能（兆焦）	可消化粗蛋白		钙		磷		胡萝卜素（毫克）
			（%）	（克）	（%）	（克）	（%）	（克）	
苜蓿干草	91.1	5.57	12.7	127.26	1.70	17.40	0.22	2.20	45.0
玉米秸	79.4	3.77	1.7	17.00	0.80	8.20	0.50	5.00	5.0
谷草	86.5	4.10	1.2	11.95	0.40	3.50	0.20	1.80	2.0
玉米	88.4	16.28	6.33	63.30	0.09	0.90	0.24	2.40	4.7
麦麸	86.5	8.87	14.00	140.43	0.13	1.30	1.00	0.07	4.0
大豆饼	86.5	13.98	38.9	389.87	0.50	4.90	0.78	7.80	0.2
磷酸氢钙（风干）					23.2	232.0	18.6	186	
石灰石粉	92.1				33.89	338.9			

（4）初拟配方　第一步，只考虑满足能量和粗蛋白质的需要，初步确定各原料的比例。在初步确定各原料所占的比例时，为了最后日粮平衡的需要，一般矿物质饲料和维生素补充料预留 1%～2%，本例预留 1%的比例。初步确定各原料所用比例及其能量和蛋白质含量见表 10-3。

表 10-3　初拟配方的能量和蛋白质营养含量

原料	干物质比例（%）	干物质采食量（千克）	风干物采食量（千克）	消化能（兆焦）	可消化粗蛋白质（克）
苜蓿干草	2	2.5×2%＝0.05	0.05÷0.911≈0.06	0.33	7.64
玉米秸	24	2.5×24%＝0.6	0.6÷0.794≈0.76	2.87	12.92
谷草	22	2.5×22%＝0.55	0.55÷0.865≈0.64	2.62	7.65
玉米	44	2.5×44%＝1.1	1.1÷0.884≈1.24	20.19	78.49
麦麸	2	2.5×2%＝0.05	0.05÷0.865≈0.06	0.53	8.43
大豆饼	5	2.5×5%＝0.125	0.125÷0.865≈0.15	2.10	58.48

（续）

原料	干物质比例（%）	干物质采食量（千克）	风干物采食量（千克）	消化能（兆焦）	可消化粗蛋白质（克）
预留	1	2.5×1%=0.025			
合计	100	2.5		28.64	173.61
标准	100	2.5		27.13	136
盈亏	0	0		+1.51	+37.61

注：表中各原料的比例是根据其营养特性、产地来源、价格和驴的消化生理特点人为确定的，其是否合理应根据后续配出的配方中各营养物质是否平衡，尤其是用该配方在实际应用中的效果进行判断。

第二步，基本调平配方中能量和蛋白质的需要。从表8-5可以看出，消化能和可消化粗蛋白质都已超过了标准，但可消化粗蛋白质超出较多，应调低蛋白质含量多的原料用量，同时调高蛋白质含量低而能量不能太低的原料，使配方的消化能和可消化粗蛋白质基本与标准相符。如果相差太大可再进行调整，直到与标准基本相符为止。初调后配方的能量和蛋白质营养含量见表10-4。

表10-4　初调后配方能量和蛋白质营养含量

原料	干物质比例（%）	干物质采食量（千克）	风干物采食量（千克）	消化能（兆焦）	可消化粗蛋白质（克）
苜蓿干草	2	2.5×2%=0.05	0.05÷0.911≈0.06	0.33	7.64
玉米秸	24	2.5×24%=0.6	0.6÷0.794≈0.76	2.87	12.92
谷草	25	2.5×25%=0.625	0.625÷0.865≈0.72	2.95	8.60
玉米	44	2.5×44%=1.1	1.1÷0.884≈1.24	20.19	78.49
麦麸	2	2.5×2%=0.05	0.05÷0.865≈0.06	0.53	8.43
大豆饼	2	2.5×2%=0.05	0.125÷0.865≈0.06	0.84	23.39
预留	1	2.5×1%=0.025			

（续）

原料	干物质比例（%）	干物质采食量（千克）	风干物采食量（千克）	消化能（兆焦）	可消化粗蛋白质（克）
合计	100	2.5		27.74	139.47
标准	100	2.5		27.13	136
盈亏	0	0		+0.61	+3.47

（5）计算磷、钙、盐、胡萝卜素的添加量　由表10-5可以看出，矿物质元素钙和磷不需要再添加磷酸氢钙和石粉就可满足需要。

食盐添加量一般10～20克，本配方添加18克。生产中，应根据不同饲料和不同季节，调整盐的用量，这只是个参考范围数。

一般饲料中维生素含量不计算在内，所以日粮中应添加11毫克的胡萝卜素。

表10-5　初调后配方各营养物质的含量

原料	干物质比例（%）	干物质采食量（千克）	风干物采食量（千克）	消化能（兆焦）	可消化粗蛋白质（克）	钙（克）	磷（克）	胡萝卜素（毫克）
苜蓿干草	2	0.05	0.06	0.33	7.64	1.04	0.13	—
玉米秸	24	0.6	0.76	2.87	12.92	6.23	3.8	—
谷草	25	0.625	0.72	2.95	8.60	2.52	1.30	—
玉米	44	1.1	1.24	20.19	78.49	1.12	2.98	—
麦麸	2	0.05	0.06	0.53	8.43	0.08	0.06	—
大豆饼	2	0.05	0.06	0.84	23.39	0.29	0.47	—
食盐	—	—	0.018	—	—	—	—	—
维生素添加剂	—	—	0.007	—	—	—	—	—
合计	100	2.5	—	27.74	139.47	11.28	8.74	0
标准	100	2.5	—	23.17	136	8.8	5.6	11.0
盈亏	0	0	—	+0.61	+3.47	+2.48	+3.14	−11.0

（6）日粮组成及配方　详见表10-6。

表 10-6　日粮组成及配方

<table>
<tr><th colspan="2" rowspan="2">原料</th><th rowspan="2">干物质采食量（千克）</th><th colspan="2" rowspan="2">日粮配方（%）</th><th colspan="2">精饲料补充料</th><th colspan="2">粗饲料</th></tr>
<tr><th>原料数</th><th>配方（%）</th><th>原料数</th><th>配方（%）</th></tr>
<tr><td rowspan="3">粗饲料</td><td>苜蓿干草</td><td>0.06</td><td>2.05</td><td rowspan="3">52.65</td><td></td><td></td><td>2.05</td><td>3.89</td></tr>
<tr><td>玉米秸</td><td>0.76</td><td>25.98</td><td></td><td></td><td>25.98</td><td>49.35</td></tr>
<tr><td>谷草</td><td>0.72</td><td>24.62</td><td></td><td></td><td>24.62</td><td>46.76</td></tr>
<tr><td rowspan="5">精饲料</td><td>玉米</td><td>1.24</td><td>42.39</td><td rowspan="5">47.35</td><td>43.29</td><td>89.52</td><td></td><td></td></tr>
<tr><td>麦麸</td><td>0.06</td><td>2.05</td><td>2.05</td><td>4.33</td><td></td><td></td></tr>
<tr><td>大豆饼</td><td>0.06</td><td>2.05</td><td>2.05</td><td>4.33</td><td></td><td></td></tr>
<tr><td>食盐</td><td>0.018</td><td>0.62</td><td>0.62</td><td>1.31</td><td></td><td></td></tr>
<tr><td>维生素添加剂</td><td>0.007</td><td>0.24</td><td>0.24</td><td>0.51</td><td></td><td></td></tr>
<tr><td colspan="2">合计</td><td>2.925</td><td colspan="2">100</td><td>47.35</td><td>100</td><td>52.65</td><td>100</td></tr>
</table>

（7）日粮分析　该日粮各营养物质含量基本上能满足170千克体重的1.5岁生长驴每日增重0.1千克的营养需要，但应注意以下问题：

①日粮的精饲料比例偏高（粗、精饲料比为53∶47），具体使用时应注意驴是否适应。

②矿物质元素中，钙的含量有点少（钙和磷的比例为1.3∶1）。如需完善可适当调低磷的含量（钙和磷的含量都能达到标准，但磷超出更多，钙磷比例不协调），也可适当提高钙的含量。

③应用该日粮组方饲喂驴时，首先将粗饲料（即苜蓿干草、玉米秸和谷草）按表10-6组铡短混匀，然后按日需要量将52.65%粗饲料与47.35%精饲料补充料混成日粮喂驴。

99 怎样为育肥肉驴进行日粮配合？

目前，我国肉驴饲养没有明确的配方标准，各地肉驴育肥配方大都根据经验。下面介绍的肉驴精饲料补充料参考配方占日粮的30%，具体效果要通过生产实践验证。由于各地饲草资源、气候条件及驴本身体况不同，因此下面介绍的配方仅供参考。

（1）1.5 岁生长肉驴精饲料补充料参考配方　详见表 10-7。

表 10-7　1.5 岁生长肉驴精饲料补充料参考配方

原　料	肉驴精饲料补充料参考配方（%）				
	料号 1	料号 2	料号 3	料号 4	料号 5
玉米	57.18	67.00	67.0	61.00	56.67
麦麸	15.00	3.20	2.2	12.00	14.00
豆粕	19.00	20.00	20.0	16.00	13.00
棉籽粕	5.00	1.10	2.0	5.00	4.90
菜籽粕		3.00	2.0	2.80	3.00
酒糟蛋白饲料		2.00	3.0		5.00
磷酸氢钙	1.30	1.95	2.0	0.94	
石粉	1.20	0.45	0.48	1.00	1.10
食盐	0.32	0.30	0.32	0.32	0.33
预混料	1.00	1.00	1.0	1.00	1.00
合计	100.00	100.00	100.00	100.00	100.00
营养水平					
消化能（DE、兆焦/千克）	12.68	13.35	13.38	12.84	12.74
粗蛋白质（CP、%）	17.31	16.97	17.06	16.89	16.89
钙（Ca、%）	0.80	0.67	0.67	0.65	0.69
磷（P、%）	0.36	0.45	0.45	0.30	0.31
钠（Na、%）	0.15	0.13	0.15	0.14	0.15

注：参考配方中粗蛋白含量偏低，生产中以 17%～19%较好。

（2）2 岁生长肉驴精饲料补充料参考配方　详见表 10-8。

表 10-8　2 岁生长肉驴精饲料补充料参考配方

原　料	肉驴精饲料补充料参考配方（%）				
	料号 1	料号 2	料号 3	料号 4	料号 5
玉米	55.00	59.00	56.00	66.00	62.47
麦麸	20.00	15.00	20.00	10.35	11.00

（续）

原　　料	肉驴精饲料补充料参考配方（%）				
	料号 1	料号 2	料号 3	料号 4	料号 5
豆粕	6.64	13.00	7.26	15.29	14.00
棉籽粕	5.00	4.76	5.00		5.00
菜籽粕	5.00		5.00	5.00	
酒糟蛋白饲料	5.00	4.62	3.38		4.00
磷酸氢钙	0.93	1.20	0.93	1.00	1.10
石粉	1.11	1.10	1.11	1.10	1.10
食盐	0.32	0.32	0.32	0.33	0.33
预混料	1.00	1.00	1.00	1.00	1.00
合计	100.00	100.00	100.00	100.00	100.00
营养水平					
消化能（DE、兆焦/千克）	12.44	12.76	12.44	13.10	12.93
粗蛋白质（CP、%）	15.80	16.10	0.69	15.70	16.13
钙（Ca、%）	0.68	0.72	0.68	0.69	0.70
磷（P、%）	0.31	0.33	0.31	0.31	0.32
钠（Na、%）	0.15	0.14	0.15	0.15	0.15

注：消化能控制在 12.6 兆焦/千克左右，粗蛋白质以 16%～18%较宜。

（3）3 岁成年驴育肥精饲料补充料参考配方　详见表 10-9。

表 10-9　3 岁成年驴育肥精饲料补充料参考配方

原　　料	肉驴精饲料补充料参考配方（%）					
	料号 1	料号 2	料号 3	料号 4	料号 5	料号 6
玉米	42.12	51.52	74.00	70.49	65.30	69.00
麦麸	34.00	30.00		4.00	2.90	18.00
豆粕	2.60	4.88	4.60	1.50	3.00	7.00
棉籽粕			1.00	1.00	1.00	1.00
菜籽粕				1.33		
鱼粉			4.78	3.00		2.00
豌豆	18.00					

（续）

原　料	肉驴精饲料补充料参考配方（%）					
	料号 1	料号 2	料号 3	料号 4	料号 5	料号 6
酒糟蛋白饲料		10.60	12.00	16.17	25.00	
磷酸氢钙	0.80	0.70	1.10	0.30	0.50	0.80
石粉	1.16	1.20	1.20	1.20	1.30	1.00
食盐	0.32	0.10	0.32	0.01		0.20
预混料	1.00	1.00	1.00	1.00		1.00
合计	100.00	100.00	100.00	100.00		100.00
营养水平						
消化能（DE、兆焦/千克）	12.13	12.30	13.60	13.13	13.68	12.84
粗蛋白质（CP、%）	13.90	14.20	15.16	14.69	14.86	13.45
钙（Ca、%）	0.60	0.65	0.90	0.70	0.64	0.65
磷（P、%）	0.30	0.33	0.51	0.36	0.35	0.33
钠（Na、%）	0.15	0.15	0.27	0.18	0.23	0.15

注：消化能在13～14兆焦/千克、粗蛋白质在14%～16%较宜。食盐可促进驴的食欲，提高饲料的利用率，但食盐添加量搭配要适当，否则将引起钠的含量超标，用3、4、5号原料配方时应特别注意，最好将钠的含量调到0.15%。

十一、驴的疾病与防治

100 怎样判断驴的健康与异常？

(1) 健康驴　不管是在使役还是放牧中，健康驴总是两耳竖立，活动自如，头颈高昂，精神抖擞。特别是公驴，相遇或发现远处有同类时，则昂头凝视，大声鸣叫，跳跃并试图接近。健康驴吃草时，咀嚼有力，发出“格格”响声。如有人从槽边走过，则鸣叫不已。健康驴的口色鲜润。粪球硬度适中，外表湿润光泽，新鲜时呈草黄色，时间稍久则变为褐色。时而喷动鼻翼，即打呼噜。俗话说“驴打呼噜牛倒沫，有个小病也不多”。

(2) 异常驴　驴对一般疾病有较强的耐受力，即使患病也能吃草喝水。但若不注意观察，待其不吃不喝、饮食废绝时，就已经病得较为严重了。判断驴是否正常，可以查看其吃草、饮水的精神状态，以及感知驴鼻、耳的温度变化。驴低头耷耳，精神不振，鼻、耳发凉或过热，虽然吃点草，但不喝水，说明驴已患病，应及时治疗。

饮水的多少对判断驴是否有病具有重要意义。驴吃草少而喝水多，可知其无病；若草的采食量不减，而连续数日饮水减少或不喝水，即可预知该驴就要发病。如果粪球干硬，外沾少量黏液，喝水减少，则数日后可能要发生肠胃炎。饲喂中出现异嗜，时而啃咬木桩或槽边，喝水不多，精神不振，则可能发生急性胃炎。

驴虽一夜不吃，退槽而立，但只要鼻、耳温和，体温正常，则可视其无病，黎明或翌日即可采食，饲养人员称之为“瞪槽”。驴病的发生常和天气、季节、饲草更换、草质、饲喂方式等因素密切相关，因此一定要按照饲养管理的一般原则和驴不同生理状况对饲养管理的不同要求来仔细观察，这样才能做到“无病先防，有病早治，心中有数”。另外，驴病后卧地不起，或虽不卧地但精神委顿，依恋饲养员，这些都是驴病重的表现，应引起特别的注意。

101 怎样防治驴患破伤风？

破伤风又称强直症，俗称锁口风。是由破伤风梭菌经创伤感染后，产生的外毒素引起的人兽共患的一种中毒性、急性传染病。其特征是驴对外界刺激兴奋性增高，全身或部分肌群呈现强直性痉挛。

破伤风梭菌的芽孢能长期存在于土壤和粪便中，当驴体受到创伤时，因泥土、粪便污染伤口，病原微生物就可能随之侵入，在其中繁殖并产生毒素，引发本病，其潜伏期为1～2周。驴体受到叮伤、鞍伤或去势消毒不严，以及新生驴驹断脐不消毒或消毒不严时都极易感染此病。特别是小而深的伤口被泥土、粪便、痂皮封盖后，在无氧条件下，驴极易患破伤风。

（1）症状　病初，肌肉强直常出现于头部，后逐渐发展到其他部位。开始时两耳发直，鼻孔开张，颈部和四肢僵直，步态不稳，全身动作困难，高抬头或受惊时，瞬膜外露更加明显。随后咀嚼、吞咽困难，牙关紧闭，头颈伸直，四肢开张，关节不易弯曲。皮肤、背腰板硬，尾翘，姿势像木马一样。响声、强光、触摸等刺激都能使痉挛加重。呼吸快而浅，黏膜缺氧呈蓝红色，脉细而快，偶尔全身出汗，后期体温可上升到40℃以上。

如病势轻缓，则驴还可站立，稍能饮水吃料。病程延长到2周以上时，经过适当治疗常能痊愈。如驴在发病后2～3天牙关紧闭，全身痉挛，心脏衰竭，又有其他并发症时则多易死亡。

（2）治疗　消除病原、中和毒素、镇静解痉、强心补液、加强护理为治疗本病的原则。

①消除病原　清除创伤内的脓汁、展示物及坏死组织。创伤深而创口小的需先扩创，然后用3%过氧化氢溶液或2%高锰酸钾水洗涤，再涂5%～10%碘酊。同时，肌内注射青霉素、链霉素各100万单位，每日2次，连续1周。

②中和毒素　尽早静脉注射破伤风抗毒素10万～15万单位，首次剂量宜大，每日1次，连用3～4次，血清可混在5%葡萄糖注射液中注入。

③镇静解痉　既可肌内注射氯丙嗪200～300毫克，也可用水合氯醛20～30克混于淀粉浆500～800毫升内灌肠，每日1～2次。如果病驴安静时，可停止使用。

④强心补液　每天适当静脉注射5%糖盐水，并加入复合维生素B和维生素C各10～15毫升。心脏衰弱时可注射维他康10～20毫升。

⑤加强护理　要做好静、养、防、遛四个方面的工作。要使病驴在僻静较暗的单厩里，保持安静。加强饲养，对不能采食的驴喂以豆浆、料水、稀粥等；能采食的驴，则投以豆饼等优势草料，任其采食。要防止病驴摔倒，造成碰伤、骨折，重病驴可吊起扶持。对停药观察的驴，要定时牵遛，经常刷拭，按摩四肢。

（3）预防　主要是做好预防注射工作和防止发生外伤。实践证明，坚持预防注射，完全能防止本病发生。每年定期注射破伤风类毒素，每头用量2毫升，注射3周后驴可产生免疫力。有外伤要及时治疗，同时可肌内注射破伤风抗毒素1万～3万单位和破伤风类毒素2毫升。

102 怎样防治驴腺疫？

驴腺疫，中兽医称槽结、喉骨肿，是由马腺疫链球菌引起的马、驴、骡的一种接触性急性传染病。断奶至3岁的驴驹易发此病。

（1）典型临床症状　病驴体温升高，上呼吸道及咽黏膜呈现表层黏膜的化脓性炎症，下颌淋巴结呈急性化脓性炎症，鼻腔流出黏液。病驴康复后可终身免疫。

该病病原为马腺疫链球菌，其随脓肿破溃和病驴喷鼻、咳嗽而被排出体外，污染空气、草料、饮水等，经上呼吸道黏膜、扁桃体或消化道而感染健康驴。该病潜伏期平均 4～8 天，有的为 1～2 天。由于驴体抵抗力的强弱和细菌的毒力、数量不同，因此该病在临床上可出现 3 种类型。

①一过型　主要表现为鼻、咽黏膜发炎，有鼻液流出。下颌淋巴结轻度肿胀，体温轻度升高。如加强饲养，增强体质，则驴发生本病时常能不治而愈。

②典型型　病初驴精神沉郁，食欲减少，体温升高到 39～41℃。结膜潮红、黄染，呼吸次数和脉搏次数增加，心跳加快。继而发生鼻黏膜炎症，并有大量脓性分泌物流出。咳嗽，咽部敏感，下咽困难，有时食物和饮水从鼻腔逆流而出。下颌淋巴脓肿破溃，流出大量脓汁，体温下降，炎性肿胀亦渐消退，病驴逐渐痊愈。病程为2～3 周。

③恶性型　病驴由于抵抗力减弱，马腺疫链球菌可由下颌淋巴蔓延或转移而发生并发症，致使病情急剧恶化，预后不良。常见的并发症，如体内各部位淋巴结的转移性脓肿、内部各器官的转移性脓肿及肺炎等。如不及时治疗，则病驴常因脓毒败血症而死亡。

（2）治疗　本病轻者无需治疗，通过加强饲养管理即可自愈。重者可在脓肿化脓处擦 10％的樟脑酮、10％～20％松节油软膏、20％鱼石脂软膏等。患部破溃后可按外科方法常规处理。如体温升高，有全身症状，则可用青霉素、磺胺类药物治疗，必要时静脉注射。

治疗的同时要加强护理。治疗期间要给予病驴富于营养、适口性好的青绿多汁饲料和清洁的饮水。并注意夏季防暑，冬季保温。

（3）预防　对断奶驴驹应加强饲养管理，加强运动，注意优质草料的补充，增进抵抗力。发病季节要勤检查，发现病驹立即隔离治疗。其他驴驹可第 1 天给 10 克、第 2～3 天给 5 克的磺胺类药物（拌入料中）；也可以注射马腺疫灭活菌苗进行预防。

103 怎样防治驴流行性乙型脑炎？

流行性乙型脑炎，是由乙脑病毒引起的一种急性传染病。马属家畜（马、驴、骡）的感染率虽高，但发病率低，但一旦发病时死亡率较高。该病为人兽共患，其临床症状为中枢神经功能紊乱（沉郁或兴奋和意识障碍）。本病主要经蚊虫叮咬而传播。具有低洼地发病率高和在7—9月气温高、日照长、多雨季节流行的特点。3岁以下幼驹发病多。

（1）症状　该病潜伏期1～2周。在起初的病毒血症期间，病驴体温升高达39～41℃，精神沉郁，食欲减退，肠音多无异常。部分病驴经1～2天体温恢复正常，食欲增加，经过治疗，1周左右可痊愈。还有部分病驴由于病毒侵害脑脊髓，出现明显神经症状，表现沉郁、兴奋或麻痹。临床可分为以下3种病型。

①沉郁型　病驴精神沉郁，呆立不动，低头耷耳，对周围的事物无反应，眼半睁半闭，呈睡眠状态。有时空嚼磨牙，以下颌抵槽或以头顶墙。常出现异常姿势，如前肢交叉、做圆圈运动或四肢失去平衡，走路歪斜、摇晃。后期卧地不起，昏迷不动，感觉功能消失。生产中，以沉郁型为主的病驴较多，病程也较长，可达1～4周。如早期治疗得当，注意护理，则多数病驴可以治愈。

②兴奋型　病驴表现兴奋不安，重则暴躁、乱冲、乱撞，攀爬饲槽，不躲避障碍物，低头前冲，甚至撞在墙上、坠入沟中。后期因衰弱无力，常卧地不起，四肢前后划动如游泳状。以兴奋为主的病程较短，病驴多经1～2天死亡。

③麻痹型　主要表现是后躯麻痹不全症状，视力减退或消失、尾不驱蝇、衔草不嚼、嘴唇歪斜、不能站立等。病程较短，病驴多经2～3天死亡。

④混合型　沉郁型和兴奋型交替出现，同时出现不同程度的麻痹。

患流行性乙型脑炎时，病驴的死亡率平均为20％～50％。耐过此病的驴常有后遗症，如口唇麻痹、视力减退、精神迟钝等。

（2）治疗　本病目前尚无特效疗法，主要是采取降低颅内压、调整大脑机能、以解毒为主的综合性治疗措施，加强护理，提早治疗。

①加强护理　病驴要有专人看护，防止褥疮发生。同时加强营养，及时补饲或注射葡萄糖。

②降低颅内压　对重病或兴奋不安的病驴，可用采血针在颈静脉放血800～1 000毫升，然后静脉注射25 %山梨醇或20 %甘露醇注射液。每次用量为1～2克（按体重计），时间间隔8～12小时后再注射1次，可连用3天。间隔期内可静脉注射高渗葡萄糖液500～1 000毫升。病后期，血液黏稠时还可注射10 %的氯化钠注射液100～300毫升。

③调整大脑机能　对兴奋表现的病驴，可每次肌内注射氯丙嗪注射液200～500毫克，或10%溴化钠注射液50～100毫升。

④强心　病驴心脏衰弱时，除注射20%～50%葡萄糖注射液外，还可注射樟脑水或樟脑磺酸钠注射液。

⑤利尿解毒　可用40%乌洛托品注射液50毫升静脉注射，每日1次。膀胱积尿时要及时导尿。为防止发生并发症，可配合用链霉素和青霉素，或用10%磺胺嘧啶钠注射液静脉注射。

（3）预防　对4～12月龄和新引入的外地驴，每年6月至翌年1月肌内注射2毫升乙脑弱毒疫苗。同时，要加强饲养管理，以增强驴的体质；做好灭蚊工作；及时发现病驴，适时治疗，并实行隔离。另外，要无害化处理病死驴的尸体。

104 怎样防治驴传染性胸膜肺炎？

驴传染性胸膜肺炎（简称“驴胸疫”）是马属动物的一种急性传染病，其发病机制至今仍不清楚，可能是由支原体或病毒感染引起。本病可直接传染或间接传染，1岁以上的驴驹和壮龄驴多发生本病，且因驴舍潮湿、寒冷、通风不良、阳光不足和驴多拥挤而造成。本病可全年发生，冬、春季气候骤变时较多。

（1）症状　本病潜伏期为10～60天，临床表现有2种。

①典型胸疫　本型较少见，病驴呈现纤维素性肺炎或胸膜炎症状。病初突发高热40℃以上，稽留不退，持续6～9天或更长，以后体温突降或渐降。发生胸膜炎时，病驴体温反复，精神沉郁、食欲废退、呼吸脉搏增加。结膜潮红水肿，微黄染。皮温不整，全身战栗。四肢乏力，运步强拘。腹前、腹下及四肢下部出现不同程度的水肿。病初流沙样鼻液，偶见痛咳，听诊肺泡音增强，有湿性啰音。中后期流红黄色或铁锈色鼻液，听诊肺泡音减弱、消失，到后期又可听见湿性啰音及捻发音。经2～3周恢复正常。炎症波及胸膜时，听诊有明显的胸膜擦音。病驴口腔干燥，口腔黏膜潮红带黄，有少量灰白色舌苔。肠音减弱，粪球干而小，并附有黏液。后期肠音增强，出现腹泻，粪便恶臭，甚至并发肠炎。

②非典型胸疫　表现为一过型，本型较常见。病驴突然发热，体温达39～41℃。全身症状与典型胸疫初期相同，但比较轻微。呼吸道、消化道往往只出现轻微炎症，咳嗽，流少量水样鼻液，肺泡音增强，有的出现啰音。若及时治疗，2～3天后病驴很快恢复。有的仅表现短时体温升高，而无其他临床症状。非典型的恶性胸疫，多因发现太晚、治疗不当、护理不周所造成。

（2）治疗　及时使用新胂凡纳明（914），0.015克（按体重计）用5%葡萄糖注射液稀释后静脉注射，间隔2～3日后可行第二次注射。为防止继发感染，还可用青霉素、链霉素和磺胺类药物静脉注射。此外，伴有胃肠、胸膜、肺部疾患的驴，可根据具体情况进行对症处理。

（3）预防　平时要加强饲养管理，严守卫生制度，冬、春季要补料，同时给予充足饮水，以提高驴的抗病力。厩舍要清洁卫生，通风良好。发现病驴立即隔离治疗。对被污染的厩舍、用具，用2%～4%氢氧化钠溶液或3%来苏儿水消毒，粪便要进行发酵处理。

105 怎样防治驴鼻疽？

驴鼻疽，是由鼻疽杆菌引起的马、驴、骡的一种传染病。临床表现为鼻黏膜、皮肤、肺脏、淋巴结和其他实质性器官形成特异的鼻疽结节、溃疡和瘢痕。鼻疽杆菌随病驴的鼻液及溃疡分泌物排出体外后，污染各种饲养工具、草料、饮水而引起传染。主要经消化道和损伤的皮肤感染，无季节性。

驴对本病的感染性最强，多为急性，迅速死亡。因侵害的部位不同，可分为鼻腔鼻疽、皮肤鼻疽和肺鼻疽。前两种经常向外排菌，故又称开放性鼻疽，但一般该病常以肺鼻疽开始。

（1）症状　分急性鼻疽、开放性鼻疽、慢性鼻疽 3 种。

①急性鼻疽　病驴体温升高呈弛张热，常伴随干性无力的咳嗽。当肺部病变范围较大或蔓延至胸膜时，呈现支气管肺炎症状，公驴睾丸肿胀。病末，常见胸前、腹下、乳房、四肢下部等处水肿。

②开放性鼻疽　由慢性鼻疽转化而来。除急性鼻疽症状外，还出现鼻腔或皮肤的鼻疽结节，前者称鼻鼻疽，后者称皮肤鼻疽。发生鼻鼻疽时病驴的鼻黏膜先红肿，周围绕以小米至高粱米粒大的结节。结节破损后形成溃疡，同时排出含大量鼻疽杆菌的鼻液，溃疡愈合后形成星芒状瘢痕。侧下颌淋巴结肿大变硬，病驴无痛感也无发热。皮肤鼻疽以后肢多见，局部出现炎性肿胀，进而形成大小不一的硬固结节，结节破溃后形成溃疡，溃疡底呈黄白色，不易愈合。结节和附近淋巴肿大、硬固，粗如绳索，并沿着索状肿形成串珠状结节。发生于后肢的鼻疽皮厚，后肢变粗。

③慢性鼻疽　病驴瘦弱，病程达数月至数年。多由急性或开放性鼻疽转来，也有一开始就是慢性经过的。驴少见。

（2）诊断　除临床症状外，主要采用鼻疽菌素点眼和皮内注射，必要时可做补体结合反应。

（3）治疗　目前尚无有效疫苗和彻底治愈的疗法。即使用土霉素疗法（土霉素 2～3 克，溶于 15～30 毫升 5%氯化镁溶液中，充分溶解，分 3 处肌内注射，隔日 1 次），也仅可临床治愈，但驴仍是带菌者。

（4）预防　每年春、秋季要及时检疫，对检出的阳性病驴要及时扑杀、深埋。

106 怎样防治驴流行性感冒？

驴的流行性感冒（简称“流感”）是由流感病毒引起的急性呼吸道传染病。主要表现为发热、咳嗽和流水样鼻液。驴的流感病毒分为A1、A2两个亚型，二者不能形成交叉免疫。本病毒对外界条件的抵抗力较弱，加热至56℃，数分钟即可丧失感染力。一般消毒药物，如甲醛、乙醚、来苏儿水、去污剂等都可使该病毒灭活。但该病毒对低温的抵抗力较强，在－20℃以下可存活数日，故流感在冬、春季多发。

本病主要是经直接接触或飞沫（咳嗽、喷嚏）经呼吸道传染。不分年龄、品种，但以生产母驴、劳役抵抗力降低和体质较差的驴易发病，且病情严重。临床表现有3种。

（1）症状　分为一过型、典型型和非典型型。

①一过型　比较多见，病驴主要表现咳嗽，流清鼻涕，体温正常或稍高，过后很快下降。精神及全身变化多不明显，7天左右可自愈。

②典型型　病驴表现剧烈咳嗽，病初为干咳，后为湿咳。有的病驴咳嗽时，伸颈摇头，粪尿随咳嗽而排出，咳后疲乏不堪。有的病驴在运动时，或受冷空气、尘土刺激后咳嗽显著加重。病初驴流沙样鼻液，后变为浓稠的灰白黏液，个别流黄白色脓样鼻液。病驴精神沉郁，全身无力，体温高达39.5～42℃，呼吸次数增加。心跳加快，每分钟可达60～90次。个别病驴在四肢或腹部出现水肿，如能精心饲养，加强护理，适当治疗2～3天，驴的体温即可恢复正常，咳嗽减轻，2周左右即可恢复。

③非典型型　多因对病驴护理不好、治疗不当造成，如继发支气管炎、肺炎、肠炎及肺气肿等。病驴除表现流感症状外，还表现继发症的相应症状。如不及时治疗，则病驴会因败血、中毒、心力衰竭而死亡。

（2）治疗　症状轻时一般不需药物治疗，病驴即可自然耐过。严重时应施以对症治疗，给予解热、止咳、通便的药物。降温可肌内注射安痛定 10～20 毫升，每日 1～2 次，连用 2 天。剧咳可用复方樟脑酊 15～20 毫升，或杏仁水 20～40 毫升，或远志酊 25～50 毫升。化痰可加氯化铵 8～15 克，也可用食醋熏蒸。

（3）预防　应做好日常的饲养管理工作，增强驴的体质，勿过度使役。注意疫情，及早做好隔离、检疫、消毒工作。出现疫情时，舍饲驴可用食醋熏蒸进行预防，按 3 毫升/米^3，每日 1～2 次，直至疫情稳定。为配合治疗，一定要加强护理，给予病驴充足的饮水和丰富的青绿饲料，同时让病驴充分休息。

107 怎样防治驴传染性贫血？

马传染性贫血（简称“马传贫”），是由反转录病毒科慢病毒属马传贫病毒引起的马属动物传染病。我国将其列为二类动物疫病。

（1）流行特点　本病只感染马属动物，其中马最易感，骡、驴次之，且无品种、性别、年龄差异。病马和带毒马是主要传染源。马传贫主要通过虻、蚊、刺蝇及蠓等吸血昆虫的叮咬而传染，也可通过被马传贫病毒污染的器械等传播。多呈地方性流行或散发，以 7—9 月发生较多。在流行初期多呈急性型经过，致死率较高，以后呈亚急性或慢性经过。

（2）特征　本病潜伏期长短不一，一般为 20～40 天，最长可达 90 天。根据临床特征，常分为急性型、亚急性型、慢性型和隐性型 4 种类型。

①急性型　呈高热稽留。发热初期，病驴可视黏膜潮红，轻度黄染，随病程发展逐渐变为黄白色至苍白色。在舌底、口腔、阴道黏膜及眼结膜等处，常见鲜红色至暗红色出血点（斑）等。

②亚急性型　呈间歇热。病驴体温一般达 39℃以上，持续 3～5 天退热至常温，经 3～15 天间歇期又复发。有的患病马属动物出现温差倒转现象。

③慢性型　病驴出现不规则发热，但发热时间短，病程可达数月或数年。

④隐性型　无可见临床症状，病驴体内长期带毒，是目前主要

类型。

（3）病理变化

①急性型　主要表现败血性变化，可视黏膜、浆膜出现出血点（斑），尤以舌下、齿龈、鼻腔、阴道黏膜、眼结膜，回肠、盲肠和大结肠的浆膜、黏膜及心内外膜最为明显。肝、脾肿大，肝切面呈现特征性槟榔状花纹。肾显著增大，实质浊肿，呈灰黄色，皮质有出血点。心肌脆弱，呈灰白色煮肉样，并有出血点。全身淋巴结肿大，切面多汁，并常有出血。

②亚急性和慢性型　主要表现贫血、黄染和细胞增生性反映。脾中（轻）度肿大，坚实，表面粗。

（4）实验室诊断　常用的方法有：马传贫琼脂扩散试验、马传贫酶联免疫吸附试验等。

（5）防治　无特效疗法；每年定期检疫净化；外购马属动物调入后，必须隔离观察30天以上，并经当地动物防疫监督机构血清学检查，确认健康无病后方可混群饲养。

108 怎样防治驴胃蝇（蛆）病？

本病是马、骡、驴常见的慢性寄生虫病。病原马胃蝇蛆（幼虫），主要寄生在驴胃内，感染率比较高。马胃蝇以口钩固着于黏膜上，刺激局部发炎，形成溃疡。

（1）症状　由于胃内被大量的马胃蝇刺激，因此胃局部发炎形成溃疡，驴食欲减退、消化不良、腹痛、消瘦。幼虫寄生在驴肠和肛门后引起奇痒。

（2）治疗　常用精制敌百虫，0.03～0.05克（按体重计），配合5%～10%水溶液内服，对敌百虫敏感的驴可出现腹痛、腹泻等副作用。也可皮下注射1%硫酸阿托品注射液3～5毫升，或肌内注射解磷啶，用20～30毫克（按体重计）抢救。

（3）预防　将排出带有蝇蛆的粪便烧毁或堆积发酵；新入群的驴应先驱虫；在每年的7—8月，马胃蝇活动季节每隔10天用2%敌百虫溶液喷洒驴体1次。

109 怎样防治疥螨病？

本病是由疥螨引起的一种高度接触性、传染性的皮肤病。病原疥螨（穿孔疥虫）和痒螨（吮吸疥虫）寄生在皮肤内。因虫体很小，所以肉眼看不见。

（1）症状　疥螨病是寒冷地区冬季的常见驴病。病驴皮肤奇痒，出现脱皮、结痂现象。由于皮肤瘙痒，因此病驴终日啃咬、摩墙擦柱、烦躁不安，正常采食和休息受到严重影响，日渐消瘦。本病多发在冬、春两季。

（2）治疗　圈舍要保暖，用1%敌百虫溶液喷洒或洗刷患部。5日1次，连用3次。也可用硫黄粉和凡士林，按2∶5配成软膏，涂擦患部。病驴舍内用1.5%敌百虫喷洒墙壁、地面。

（3）预防　是防止本病的关键。要经常性刷拭驴体，搞好卫生。发现病驴，应立即隔离治疗，以免接触传染。

110 怎样防治蛲虫病？

该病原为尖尾线虫，其寄生在驴的大结肠内。雌虫在病驴的肛门口产卵。虫体为灰白色和黄白色，尾尖细，呈绿豆芽状。

（1）症状　病驴肛门痒。不断摩擦肛门和尾部，尾毛蓬乱脱落，皮肤破溃感染。病驴日渐消瘦和贫血。

（2）治疗　敌百虫的用法同治疗胃蝇蛆。驱虫同时应用消毒液洗刷肛门周围，清除卵块，防止再感染。

（3）预防　搞好驴体卫生，及时驱虫，对于用具和周围环境要经常消毒。

111 怎样防治蟠（盘）尾丝虫病？

该病原有颈盘尾丝虫和网状盘尾丝虫2种。常寄生在马属动物，特别是驴的颈部、鬐甲、背部，以及四肢的腱和韧带等部位。虫体细长呈乳白色。雄虫长25～30厘米，雌虫长达1米，胎生。微丝幼虫长0.22～0.26毫米，无囊鞘。本虫以吸血昆虫（库蠓或按蚊）作为中间寄生。

（1）症状　本病多为慢性经过，患部出现无痛性、坚硬的肿胀；或用手指按压时，留有指印。在良性经过中，经1～2个月后肿胀能慢慢消散。如因外伤和内源性感染，则患部软化，久而久之，破溃形成瘘管，从中流出脓液，多见于肩和鬐甲部。四肢患病时，则可发生腱炎和跛行。诊断此病可在患处取样，经培养后于低倍显微镜下镜检可发现微丝幼虫。

（2）治疗　皮下注射海群生，80毫克（按体重计），每日1次，连用2天；静脉注射稀碘液（1%鲁格氏液25～30毫升，生理盐水150毫升），每日1次，连用4天为1个疗程，间隔5天进行第二个疗程，一般进行3个疗程。患部脓肿或瘘管去除病变组织后，按外伤处理。

（3）预防　驴舍要求干燥，远离污水池，防止驴被吸血昆虫叮咬。

112 怎样防治驴口炎？

驴口炎是驴口腔黏膜表层或深层组织的炎症。

（1）症状　临床上以流涎和口腔黏膜潮红、肿胀或溃疡为特征。按炎症的性质分为卡他性口炎、水疱性口炎和溃疡性口炎3种。卡他性口炎和溃疡性口炎是驴的常发病。

①卡他性（表现黏膜）口炎　是由于麦秸和麦糠饲料中的麦芒机械刺激而引起的。此外，如采食霉败饲料，饲料中维生素B_2缺乏等也可发生此病。病驴表现为口腔黏膜疼痛、发热，口腔流涎，不敢采食。检查口腔时，可见病驴颊部、硬腭及舌等处有大量麦芒透过黏膜扎入肌肉。

②溃疡性口炎　主要发生在舌面，其次是颊部和齿龈。初期黏膜层肥厚粗糙，继而多处脱落，呈现长条或块状溃疡面，流黏涎，食欲减退。本病多发生于秋季或冬季，幼驴多于成年驴。

（2）治疗　首先应消除病因，拔去口腔黏膜上的麦芒等异物，更换柔软饲草、修整锐齿等。治疗时可用1%盐水，或2%～3%硼酸，或2%～3%碳酸氢钠，或0.1%高锰酸钾，或1%明矾，或2%龙胆紫，或1%磺胺乳剂，或碘甘油（5%碘酊1份，甘油9份）等冲洗口腔或涂抹溃疡面。

113 怎样防治驴咽炎？

咽炎是咽部黏膜及深层组织的炎症。临床上以吞咽障碍，咽部肿胀、敏感，流涎为特征。本病驴常见。引起咽炎的主要原因是机械性刺激，如粗硬的饲草或尖锐的异物粗暴地插入胃管或马胃蝇寄生。吸入刺激性气体及寒冷的刺激，也能引发此病。另外，在发生腺疫、口炎和感冒等病程中，也往往继发咽炎。

（1）症状　由于咽部敏感、疼痛，因此驴头颈伸展，不愿活动。口内流涎，吞咽困难，饮水时水常从鼻孔流出。触诊咽部敏感，并发咳嗽。

（2）治疗　加强病驴护理。喂给柔软易消化的草料，饮用温水，圈舍通风保暖。咽部可用温水、白酒温敷，每次20～30分钟，每日2～3次。也可涂以1%樟脑醑、鱼石脂软膏，或用复方醋酸铅散（醋酸铅10克、明矾5克、樟脑2克、薄荷1克，白陶土80克）外敷。重症可用抗生素或磺胺类药物。

（3）预防　加强饲养管理，改善环境卫生，防止驴受寒感冒；避免给其粗硬、带刺和发霉变质的饲料；投药时不可粗暴，发现病驴应立即隔离。

114 怎样防治驴食管梗塞？

食管梗塞是由于食管被粗硬草料或异物堵塞而引起，临床上以突然发病和咽下障碍为特征。本病多由于驴抢食或采食时突然被驱赶而吞咽过猛造成的，如采食胡萝卜、马铃薯等时易发生。

（1）症状　驴突然停止采食，不安，摇头缩颈，不断有吞咽动作。由于食管梗塞，因此后送食物出现障碍，梗塞于前部的饲料和唾液不断从口、鼻逆出，常伴有咳嗽。颈部食管梗塞，可摸到硬物，同时驴伴有疼痛反应。胸部食管梗塞，如有多量唾液蓄积于梗塞物前方食道内，则颈部食管有波动感，如以手顺次向上推压，则有大量泡沫状唾液由口、鼻流出。

（2）治疗　迅速除去阻塞物。若能摸到，可向上挤压，并牵动驴舌，即可排出。也可插入胃管先抽出梗塞部上方的液体，然后灌服液状石蜡200～300毫升。或将胃管连接打气筒，有节奏地打气，将梗塞物推入胃中。阻塞物小时，可灌适量温水，促使其进入胃中。民间治疗此病，是将缰绳短拴于驴的左前肢系部，然后驱赶驴往返运动20～30分钟，借助颈肌的收缩将阻塞物送入胃中。

（3）预防　饲喂要定时定量，勿让驴因过饥而抢食。如喂块根、块茎饲料，一是要在驴吃过草以后再添加；二是将块根、块茎切成碎块再喂。饼粕类饲料饲喂前要先粉碎、泡透。

115 怎样诊治肠便秘？

肠便秘亦称结症，是由肠内容物阻塞肠道而发生的一种疝痛。因阻塞部位不同分为小肠积食和大肠便秘。驴以大肠便秘多见，占疝痛的90%。多发生在小结肠、骨盆弯曲部，以及左下大结肠和右上大结肠有胃状膨大部。其他部位，如右上大结肠、直肠、小肠阻塞则少见。

（1）症状　小肠积食，常发生在采食中间或采食后4小时。患驴停食，精神沉郁，四肢发软、欲卧，有时用前肢刨地。若继发胃扩张，则疼痛明显。因驴吃草较细，所以小肠积食在临床上少见。

大肠便秘，发病缓慢，病初排干硬粪便，后停止排便，食欲减退，病驴口腔干燥，舌面有苔，精神沉郁。严惩时，腹痛呈间歇状起伏，有时横卧，四肢伸直滚转。尿少或无尿，腹胀。小肠、胃状膨大部阻塞时，大都不胀气，腹围不大，但步态拘谨沉重。直肠便秘，病驴虽努责，但排不出粪，有时有少量黏液排出。尾上翘，行走摇摆。

本病多因饲养管理不当和气候变化所致，如长期喂单一麦秸，尤其是半干的甘薯藤、花生秧时最易发病。饮水不足也能引发此病。饲喂不及时，过饥过饱、饲喂前后重役、突然变更草料，加之天气突变等因素，使机体一时不能适应，也常发生此病。

（2）治疗　首先应着眼于疏通肠道，排出阻塞物。其次是止痛止酵，恢复肠蠕动。另外，还要兼顾由此而引起的腹痛、胃肠膨胀、脱水、自体中毒和心力衰竭等一系列问题。实践中，从直肠入手，隔肠破结，是行之有效的方法。

①直肠减压法　采用按压、握压、切压、捶结等疏通肠道的办法，可直接取出阻塞物。进行该操作要求术者一定要有临床经验，否则易损伤驴肠管。

②内服泻剂　小肠积食可灌服液状石蜡 200～500 毫升，加水 200～500 毫升。大肠便秘可灌服硫酸钠 100～300 克，以清水配成 2%溶液 1 次灌服；或灌服食盐 100～300 克，亦配成 2%溶液；亦可服敌百虫 5～10 克，加水 500～1 000 毫升。在上述内服药物中，加入大黄末 200 克、松节油 20 毫升、鱼石脂 20 克，可制酵并增强疗效。

③深部灌肠　用大量微温的生理盐水5 000～10 000毫升，直肠灌入，可起软化粪便、兴奋肠管、利于粪便排出的作用。

116 怎样诊治急性胃扩张?

急性胃扩张是驴常见继发肠便秘形成的胃扩张，生产中因贪食过多难以消化和易于发酵草料而继发的急性胃扩张极少见到。

（1）症状　发生胃扩张后，病驴表现不安，腹痛明显，呼吸迫促，有时出现逆呕动作或呈犬坐姿势。腹围一般不增大，肠音减弱或消失。初期排少量软粪，以后排便停止。胃破裂后，病驴忽然安静，头下垂，鼻孔开张，呼吸困难。全身冷汗如雨，脉搏细致，很快死亡。驴由于采食慢，因此一般很少发生胃破裂。本病以插入胃管后可排出不同数量的胃内容物为诊断特征。

（2）治疗　采用以排出胃内容物、镇痛解痉为主，以强心补液、加强护理为辅的治疗原则。

先用胃管将胃内积滞的气体、液体导出，并用生理盐水反复洗胃，然后内服水合氯醛、酒精、甲醛温水合剂。在缺少药物的地方，可灌服醋、姜、盐合剂（分别为100毫升、40克和20克）。因失水而血液浓稠、心脏衰弱时，可强心补液，输液2 000～3 000毫升。对病驴要专人护理，防止因疝痛而造成胃破裂或肠变位。适当牵遛有助于病体康复。病驴治愈后要停喂1日，以后可恢复正常。

117 怎样诊治驴胃肠炎？

胃肠炎是指胃肠黏膜及其深层组织的重剧炎症。驴的胃肠炎，在一年四季均可发生。主要是饲养管理不当，过食精饲料，饮水不洁，长期饲喂发霉草料、粗质草料或有毒植物造成胃肠黏膜的损伤、胃肠功能的紊乱。用药不当，如大量应用广谱抗生素，尤其是大量使用泻剂时都易发生胃肠炎。此病的急性病例死亡率较高。

（1）症状　病初，驴出现似急性胃肠卡他的症状，而后精神沉郁，食欲废退，饮欲增加。结膜发绀，齿龈出现不同程度的紫红色。舌面有苔，污秽不洁。剧烈的腹痛是其主要症状。粪便酸臭或恶臭，并带有血液和黏液。有的病驴呈间歇性腹痛。体温升高，一般为39～40.5℃。脉弱而快。眼窝凹陷，有脱水现象，严重时可发生自体中毒。

（2）治疗　治疗的原则是抑菌消炎，清理胃肠，保护胃肠黏膜，制止胃肠内容物的腐败发酵，维护心脏功能，解除中毒，预防脱水和增加病驴的抵抗力。病初用无刺激性的泻药，如液状石蜡200～300毫升缓泻；肠道制酵消毒，可用鱼石脂20克，克辽林30克；杀菌消炎用磺胺类或抗生素；保护肠黏膜可用淀粉糊、次硝酸铋、白陶土；强心可用樟脑；抗自体中毒，可用碳酸氢钠或乳酸钠，并大量输入糖盐水，以解决缺水和电解质失衡问题。

（3）预防　预防本病的关键在于注意饲养管理，不给驴饲喂变质、发霉的饲草、饲料。饮水要清洁。

118 怎样防治新生驹胎粪秘结？

新生驹胎粪秘结为新生驴驹常发病，主要是由于母驴妊娠后期饲养管理不当、营养不良，致使新生驴驹体质衰弱而引起。

（1）症状　病驹不安，弓背，举尾，肛门突出，频频努责，常呈排便动作。严重时疝痛明显，起卧打滚，回视腹部和拧尾。久之病驹精神不振，不吃奶，全身无力，卧地，直至死亡。

（2）治疗　可用软皂、温水、食油、液状石蜡等灌肠，同时内服少量双醋酚酊效果更佳。也可给予泻剂或轻泻剂，如液状石蜡或硫酸钠（严格掌握用量）。

（3）预防　应加强妊娠母驴的后期饲养管理；驴驹出生后，应尽早吃上初乳。

119 怎样防治幼驹腹泻？

该病是一种常见病，多发生在驴驹出生的1～2个月内。病驹由于长期不能治愈，造成营养不良，影响发育，甚至死亡，危害性大。本病病因多样，如给母驴过量蛋白质饲料，造成乳汁浓稠，引起驴驹消化不良而腹泻。驴驹急吃使役母驴的热奶，异食母驴粪便，以及母驴乳房受污染或有炎症等，均可引起腹泻。

（1）症状　主要为腹泻，粪稀如浆。初期粪便黏稠、色白，以后呈水样，并混有泡沫及未消化的食物。患驹精神不振、喜卧，食欲消失，而体温、脉搏、呼吸一般无明显变化，个别的体温升高。如为细菌性腹泻，则多数由致病性大肠杆菌所引起。病驹症状逐渐加重，腹泻剧烈，体温升高至40℃以上，脉搏疾速，呼吸加快。结膜暗红，甚至发绀。肠音减弱。粪便腥臭，并混有黏膜及血液。由于剧烈腹泻使驹体脱水，因此病驹眼窝凹陷，口腔干燥，排尿减少而尿液浓稠。随着病情的加重，病驹极度虚弱，反应迟钝，四肢末端发凉。

（2）治疗　对于轻症的腹泻，主要是调整胃肠功能；重症则着重用抗菌消炎和补液解毒。前者可选用胃蛋白酶、乳酶生、酵母、稀盐酸、0.1%的高锰酸钾和木炭末等内服；后者可选用磺胺脒或长效磺胺，0.1～0.3克（按体重计）内服；或黄连素，0.2克（按体重计）内服。必要时，可肌内注射庆大霉素。对重症幼驹还应适时补液解毒。

（3）预防　搞好厩舍卫生，及时消毒；给母驴以丰富的多汁饲料，限制豆类饲料的喂量；幼驹每天应有充足的运动，同时要做到勤观察、早发现、早治疗。

120 怎样检查母驴不育症？

母驴的不育症是指到配种年龄的母驴，暂时或永久地不能受胎，通常称为不孕症。母驴不育的原因有很多，其中生殖器官功能紊乱和生殖器官疾病是最常见的原因。因此，必须对不孕母驴进行全面检查。要了解病史，包括年龄、饲养管理情况、过去繁殖情况、是否患生殖器官疾病或其他疾病，以及公驴情况等。另外，还要对母驴进行全身检查，如阴道检查、直肠检查等，以便能对症施治。

121 怎样诊治母驴子宫内膜炎？

子宫内膜炎是母驴不孕的重要原因。由于炎性分泌物及细菌毒素能危害精子，因此造成母驴不孕和胚胎死亡。病原主要是大肠杆菌、葡萄球菌、双球菌、绿脓杆菌、副伤寒杆菌等。

（1）症状　阴道检查时，可发现子宫颈阴道黏膜充血、水肿、松弛，子宫颈口略开张而下垂，子宫颈口周围或阴道底常积有炎性分泌物。重者有时伴有体温升高、食欲减退、精神不振等全身症状。慢性子宫内膜炎可分为黏液性子宫内膜炎、黏液脓性子宫内膜炎及化脓性子宫内膜炎。

（2）治疗　原则是提高母驴抵抗力，消除炎症及恢复子宫功能。

①改善饲养管理　平衡营养，加强管理，提高母驴身体抵抗力。

②子宫冲洗法　采用45～50℃温热药液冲洗，从而引起子宫充血，加速炎症消散。冲洗药液不超过500毫升，采用双流导管进行冲洗。对轻度慢性黏液性子宫内膜炎可在配种前1～2小时用40℃生理盐水、1%碳酸氢钠溶液250～500毫升冲洗子宫1次；也可在配种及排卵后24～48小时，用上述溶液冲洗子宫。排净药液

后，注入抗生素溶液。对慢性黏液性子宫内膜炎，常用1%盐水或1%～2%盐、碳酸氢钠等溶液反复冲洗子宫，直到排出透明液为止。排出药物后要向子宫内注入抗生素药液。对慢性黏液脓性子宫内膜炎，除使用上述方法外，用碘盐水（1%盐水1 000毫升加2%碘酊20～30毫升）3 000～5 000毫升反复冲洗效果较好。

③药物注入法　常用青霉素120万单位或青霉素40万单位+链霉素100万单位，溶剂为生理盐水或蒸馏水20～30毫升在冲洗子宫后注入。临床表明单纯向子宫内注入多种抗生素混悬油剂，而不冲洗子宫也有助于受胎。也可用碘制剂，即取2%碘酊1份，加入2～4份液状石蜡中，加温到50～60℃，注入子宫。

④刮宫疗法　此法对患有慢性隐性子宫内膜炎的驴治疗效果较为理想，另外还可用中医针灸和中药疗法。

122 怎样诊治母驴卵巢功能减退？

本病包括卵巢发育异常、无卵泡发育和卵巢萎缩3种。常见的原因是饲养管理和使役不当。某些疾病也能并发此病，比如营养不良、生殖器官发育受到影响、卵巢功能自然减退、卵巢脂肪浸润、卵泡上皮脂肪变性、卵巢功能减退甚至萎缩、腐败油脂中毒、生殖功能遭受不良影响等。饲料中缺乏维生素A和B族维生素，以及磷、碘、锰时对生殖功能的影响也较大。当母驴使役过度时，可导致生殖器官供血不足，引起卵巢功能减退。母驴长期饲养在潮湿或寒冷的厩舍内并缺乏运动、早春天气变幻不定、外来母驴不适应当地气候等，都可以降低母驴卵巢功能，致使母驴发情推迟、发情不正常或长期不发情。配种季节，若气温突变，则母驴的卵泡发育会受到影响，可能发生卵泡发育停滞及卵泡囊肿。生殖器官及全身疾病，均可引起卵巢功能减退及萎缩。

（1）症状　卵巢功能减退可分为以下几种类型。

①卵泡萎缩　发情征候微弱或无。直肠检查可能触到中等卵泡，但闭锁不排卵。数日后检查发现卵泡缩小或消失，不形成黄体。

②排卵延迟　母驴发情延长，虽有成熟卵泡，但数日不排卵，

最后可能排卵和形成黄体。

③无卵泡发育　母驴产后饲养管理失宜，膘情太差，而出现长期不发情。直肠检查时可发现卵巢大小正常，但无卵泡和黄体。

④卵巢萎缩　母驴长期不发情，卵巢缩小并稍硬，无卵泡及黄体。

（2）治疗　据病因和性质选择适当疗法。

①改善饲养管理条件　是治疗本病的根本。

②生物刺激法　将施行过精管结扎术或阴茎扭转术的公驴，放入驴群，以刺激母驴的性反射，促进卵巢功能恢复正常。

③隔乳催情法　对产生不发情的母驴，半天隔离，半天与驴驹一起。这样隔乳1周左右，卵巢中就能有卵泡开始发育。

④物理疗法

A. 子宫热浴法　用1%盐水或1%～2%碳酸氢钠液2 000～3 000毫升，加热至42～45℃，冲洗子宫，每日或隔日1次。同时，配合按摩卵巢法有较好效果，6次以内即可见效。

B. 卵巢按摩法　隔直肠先从卵巢游离端开始，逐渐至卵巢系膜反复按摩3～5分钟，隔日1次，3～5次收效较好。

⑤激素疗法　一是肌内注射促黄体素200～400单位，促进排卵；二是肌内注射孕马血清1 000～2 000单位，隔日1次，连续3次；三是肌内注射垂体前叶激素1 000～3 000单位，每日1次，连续1～3次；四肌内注射促黄体释放激素类似物50～60毫克，每日1次，连续2～3次。另外，还有用电针、中草药疗法等。

123 怎样诊治母驴卵巢囊肿？

卵巢囊肿可分为卵泡囊肿和黄体囊肿两种。前者表现为母驴出现不规律的频繁发情或持续发情；后者表现为母驴长期不发情。目前，此病因尚未清楚，初步认为与内分泌腺功能异常、饲料、运动、气候变化等有关。

（1）症状　母驴持续发情和发情亢进。卵泡发育不正常。黄体囊肿，直径可达5～7厘米，表现不发情，卵巢体积增大。多次检查仍不发情的可定为此病。

(2) 治疗　早治早好，如果严重或两侧囊肿，发病时间长，囊肿数目多，治疗往往无效。

①改善饲养管理条件　改善饲养管理条件有利于驴恢复健康。

②激素治疗法　一是一次肌内注射 200～400 单位促黄体素，一般在注射后 4～65 天囊肿即成黄体，15～30 天恢复正常发情周期。若 1 周未见好转，则第二次用药剂量应适当增加。二是每次肌内注射促性腺激素释放激素 0.5～1.5 毫克。三是每次肌内注射孕酮 100 毫克，隔日 1 次，可连用 2～7 次。四是每次肌内注射地塞米松 10 毫克。另外，还可用中草药、电针和囊肿穿刺法等。

124 怎样诊治母驴持久黄体？

持久黄体系指于分娩、胚胎早期死亡或排卵（未受精）之后，妊娠黄体或发情周期黄体的作用超过正常时间而不消失，多发生在母驴胚胎早期死亡之后所产生的假孕期。饲料不足、营养不平衡、过度使役，都会引起持久黄体；有子宫疾病和早期胚胎死亡而未被排出体外时，也会发生持久黄体。

(1) 症状　主要是母驴发情周期中断，出现不发情。直肠检查可发现一侧卵巢增大。如果母驴超过了应当发情时间而不发情，间隔 5～7 天的时间，经过 2 次以上的检查，在卵巢上触摸到同样的黄体而子宫没有妊娠变化时，即可确诊为持久黄体。

(2) 治疗　首先是加强母驴的饲养管理，适当加强运动。子宫有疾病时应及时治疗。母驴早期妊娠中断时，应及时用生理盐水冲洗子宫，及时排出死亡的胚胎及其残余组织，消除母驴胚胎早期死亡后发生的假孕现象，但禁止用孕马血清和促性腺激素。

前列腺素及其合成的类似物是疗效显著的黄体溶解剂。目前，应用较多的是其类似物 $PGF_{2\alpha}$，驴每次肌内注射 2.5～5 毫克。采用子宫内注入效果更好，且可节省用量，每次用量为 1～2 毫克。一般注入 1 次后，2～3 天即可奏效。必要时可间隔 6～7 天，重复应用 1 次。前列腺素用量过大，易引起腹痛、腹泻、食欲减退和出汗等副作用，但大多数经数小时可自行消失。

125 怎样诊治公驴不育症？

公驴不育主要表现是不能受精，或精液质量低劣。生殖器官疾病或全身性疾病，会导致公驴性欲不强或无性欲。公驴感染病毒、细菌、原虫等，繁殖力会受到影响。引起公驴不育的主要疾病如下：

（1）睾丸炎及附睾炎　本病多来自外伤，尤其是挫伤。临床表现为阴囊红肿、增大，运步拘谨，体温升高，触诊有疼痛感。有的精索也发炎变粗。由于睾丸和附睾发炎，因此精子生成遭破坏。配种时炎症可加剧病情。治疗可使用复方醋酸铅散或其他消炎软膏，化脓可采用外科处理，全身疗法可选用抗生素药物。

（2）精囊炎　多继发于尿道炎，急性可出现全身症状，如行动小心、排便疼痛，并频做排尿姿势。直肠检查可发现精液囊显著增大，有波动感，慢性的则囊壁变厚。其炎性分泌物在射精时混入精液内，使精液颜色由白色而呈现浑浊的黄色或含有脓液，并常有臭味，精子多数死亡。治疗可采用磺胺类药物或抗生素治疗。

（3）膀胱颈麻痹　本病通常是先天性的。当射精时膀胱颈闭锁不全，尿液随精液流出。所以精液中含有尿液，精子可迅速死亡。此病可试用士的宁制剂皮下注射10～15毫克进行治疗。

（4）包皮炎　多由于包皮垢引起的炎症，影响采精。对患处要对症处理，定时用消毒液冲洗。

（5）阳痿　即公驴配种时性欲不旺盛，阴茎不能勃起。饲养管理不佳常引起本病。此外，采精技术不良、患龟头及阴茎疾病、体质衰弱、持久疼痛等，都可引起阳痿。治疗时应查明原因，采取适当措施，如改善饲养管理条件、提高采精技术、注意公驴的条件反射等。可试用孕马血清，每次皮下注射4 000～6 000单位。

（6）竖阳不射精　本病特征为公驴性欲正常，阴茎也能勃起，而且也能交配，但不射精或不能完成射精过程。种公驴受外界环境刺激（如被母驴踢、被饲养人员鞭打等）或过度兴奋时，均可产生不射精的现象。此外，因尿道炎等造成射精管道阻塞也会影响射精。治疗时应消除外界环境的影响，加强种公驴的饲养管理，提高采精技术；对过于兴奋的公驴要在配种前将其牵到安静处，也可应用镇静剂；由疾病引起的竖阳不射精应及时早治。

（7）精液品质不良　主要表现为无精、少精、死精、精子畸形、精子活力不强等。此外，精液中含有脓、血、尿等也能降低精液品质。精液品质不良是公驴不育最常见的原因。因此，要加强种公驴的饲养管理，给其饲喂营养全价的饲料。

126 怎样诊治驴的外科创伤？

驴的外科创伤是机械性外力作用驴体，使驴的皮肤或黏膜的完整性受到破坏或组织形成缺损，导致受伤部成为开放性损伤。

（1）症状

①新鲜创　是创伤发生时间较短或在受伤时虽被污物、细菌污染，但还没有发生感染症状的创伤。其主要症状是出血、疼痛、创口哆开和技能障碍。急性大出血（超过总血量40%以上）可出现贫血症状（可视黏膜苍白，脉搏微弱，血压下降，呼吸促迫，四肢发凉甚至休克而死亡）。

②化脓性感染创　是指有大量细菌进入创口内，出现化脓性炎症的创伤。临床表现为创缘及创面肿胀、疼痛、充血、局部温度增高等炎症反应，同时不断地从创口流出脓液。当创腔深，而创口小或创口内存有异物时，则往往形成脓肿，或引起周围组织的蜂窝织炎。

（2）治疗

①新鲜创口的治疗步骤

A. 创伤止血　根据创伤发生的部位、种类及出血的程度，采用压迫、填塞、钳夹、结扎等止血方法，也可在创面撒布止血粉止血，必要时可以采用全身性止血剂，如维生素 K_3 注射液及安络血注射液等均可以。

B. 清洗创围和创面　先用灭菌纱布覆盖创口，剪去创围被毛，用温肥皂水将创围洗净，再以酒精棉球或稀碘酊棉球彻底清洁创围皮肤，然后用5%碘酊消毒。创围消毒后，除去覆盖纱布。用镊子除去浅表异物，用生理盐水或0.1%新洁尔灭液反复洗涤创内，直至洗净为止，但不可强力冲灌。再用灭菌纱布轻轻吸掉残存的药液和污物，但不可来回摩擦，以免引起疼痛、出血和损伤组织细胞。

C. 创伤外科处理　对创口浅小、创面整齐又无挫灭坏死组织的创伤，可不必进行外科处理。对创口小而深、组织损伤严重的创伤，首先用外科剪扩大创口，修整创缘皮肤及皮下组织，消除创囊；再剪除破损肌肉组织，除去异物和凝血块。

D. 应用药物　对新鲜创口的治疗，主要是清除污染和预防感染。若外科处理彻底，创面整齐而又便于缝合则可不必用药；也可撒布青霉素和链霉素粉，然后进行缝合。

E. 创口缝合　对无菌手术创或创伤发生后5小时以内没有新鲜创，经外科处理后迅速缝合，争取一期愈合；对有感染可疑或有深创囊的创伤，通常在其下角留一排液口，并放入消毒纱布条引流；对有厌氧性及腐败性感染可疑的创伤，不缝合而任其开放，经4～7天后排除感染危险时再做延期缝合；若创口裂开过大不能全部缝合时，可于创口两端施以数个结节缝合，中央任其开放，用凡士林纱布覆盖，在肉芽组织生长后再做后期缝合，或进行皮肤移植术；当组织损伤严重或不便于缝合时，可用开放疗法。

F. 外伤绷带包扎　用2层纱布中间夹有棉花的灭菌绷带覆盖全部创面，四肢用卷轴带或三角巾固定，其他部位可用胶绷带，也可用鱼石脂涂布创围以纱布包扎。

②化脓性感染创的治疗步骤　清洗创围及创面的步骤同新鲜创。除去破碎的挫伤组织、凝血块及异物，扩大创口消除创囊。若创囊较大，而且囊底低下，则应在其底部造一相对切口，以便引流。

当感染呈进行性发展、急性炎症现象明显、组织高度水肿、坏死组织被溶解、创间呈酸性反应、因毒素被吸收而呈全身中毒时，应选用各种抗生素、磺胺制剂、高渗中性盐类（硫酸钠、硫酸镁、氯化钠）、奥氏液、碘仿醚合剂等。当坏死过程停止，创内出现健康肉芽组织、创伤进入组织修复期时，主要是保护肉芽组织不受机械性损伤，并促进肉芽组织及上皮组织正常发育，加速创伤愈合，可选用磺胺乳剂（氨苯磺胺 5 克、鱼肝油 30 毫升、蒸馏水 65 毫升）、魏氏流膏（松馏油 3 克、碘仿 5 克、蓖麻油 100 毫升）、鱼肝油及凡士林的等份合剂，以及碘仿、鱼肝油等。

127 怎样诊治驴蜂窝织炎？

蜂窝织炎是皮下、筋膜下或肌间等疏松结缔组织内发生的急性、弥漫性化脓性炎症，在疏松结缔组织中形成浆液性、化脓性或腐败性渗出物。病变易扩散，向深部组织蔓延，并伴有明显的全身症状。

本病主要致病菌是溶血性链球菌和葡萄球菌，较少见于腐败菌感染。一般可原发与皮肤和软组织损伤的感染，也可继发于邻近组织或器官化脓性感染的扩散，或经淋巴液、血液的转移。有时疏松结缔组织内误注或漏入强刺激性药物也可引起本病。

（1）症状　蜂窝织炎的临床症状，一般是明显的局部增温，剧烈疼痛，大面积肿胀。严重的出现功能障碍，病驴体温升高至39～40℃，精神沉郁，食欲减退。但由于发病部位不同，因此其临床特点亦不同。

①皮下蜂窝织炎　常发生在四肢或颈部皮下。

②筋膜下蜂窝织炎　常发生在鬐甲部、背腰部、小腿部、股间筋膜和臂筋膜等处筋膜下的疏松结缔组织。

③肌间蜂窝织炎　常发生在前臂部及小腿以上，特别是臂部的肌间及疏松结缔组织。由开放性骨折、火器伤、化脓性关节炎、化脓性腱鞘炎等所引起，多继发于皮下或筋膜下的蜂窝织炎，损伤肌组织、神经组织和血管。

（2）治疗　必须采取局部疗法和全身疗法并重的原则。

①局部疗法　首先要彻底处理引起感染的创伤。病初未出现化

脓时，采取药物温敷；局部脓肿不见消退且体温仍高时，应将患部切开，减轻内压，排出炎性物，未化脓前则在疼痛明显处切开，但要避开神经、血管、关节及腱鞘等。切开后排出脓液、清洗创腔，选用适当药物引流，以后可按化脓感染创治疗。

②全身疗法　早用磺胺类药物、抗生素及普鲁卡因封闭方法以控制感染。同时，加强驴的饲养管理，给其饲喂全价饲料。

128 怎样诊治驴外科脓肿？

在任何组织或器官内出现脓液积聚，周围有完整的脓膜包裹的都称为脓肿。常由葡萄球菌、链球菌、大肠杆菌、化脓棒状杆菌、绿脓杆菌等，经皮肤或黏膜的很小伤口进入机体而引起；还可以从远处的原发感染灶，经血液、淋巴液转移而来；再就是注射时不遵守无菌操作或误注、漏注于组织内强刺激性药物而引起。

（1）症状

①浅在性脓肿　发生在皮下结缔组织内，初期热、痛、肿明显。肿胀呈弥漫性，逐渐形成脓疱，破后排出脓液。

②深在性脓肿　常发生与深筋膜下或深部组织中，由于有较厚的组织覆盖，因此局部肿胀常不明显，而患部的皮肤及皮下组织有轻微炎性水肿。触诊有指压痕及明显疼痛，穿刺可诊断。

（2）治疗　初期局部热敷疗法，涂布5%碘酊、雄黄散等，必要时可应用抗生素、磺胺制剂疗法。当形成脓肿成熟后，应切开排脓（处理办法同前）。

129 怎样诊治驴骨折？

骨的完整性和连续性遭到破坏，称为骨折，主要是由机械性外力而引起。

（1）症状　病驴剧烈疼痛，肘后、股内侧常出汗，有压痛，患部肿胀，不能屈伸、移动，手触摸骨异样，X射线透视可确诊。

（2）治疗　出血时要用绷带包扎止血，伤口涂碘酊，创内撒布碘仿磺胺粉（1∶9），并用绷带包扎。可用木板、竹片等物固定断端。可注射强心、镇痛剂或输液。同时，正确复位，进行合理固定，增加营养，保证功能尽快恢复。

130 怎样诊治驴关节扭伤？

关节扭伤是关切扭伤和关切挫伤的总称，是由于滑走、跌倒、急转弯；或因遭打击、冲撞等外力作用，使关切韧带和关切囊或关切周围软组织发生非开放性损伤。严重病例还可损伤关切软骨和骨端。

（1）症状

①球关节扭挫　轻症时局部肿、痛均较轻，呈轻度肢跛。重症时站立检查，球节屈曲，系部直立，足尖着地。运步时球节屈曲不完全，以蹄尖着地前进，呈中度支跛或以支跛为主的混合跛行。触诊驴疼痛剧烈，肿胀明显。

②跗关节扭挫　站立时跗关节屈曲并以蹄尖轻轻着地，运动时呈轻度或中度混合跛行。压迫跗关节受伤韧带时，可发现驴疼痛或关节肿胀。重症时常在胫关节囊中出现浆液性渗出物，并发浆液性关节炎，有时可继发变形性关节炎或跗关节周围炎。

（2）治疗　受伤初期，可用压迫绷带或冷却疗法以缓和炎症。为了促进瘀血迅速消散，可改用温热疗法；若关节内积聚的多量血液不能被吸收时，可行关节腔穿刺。疼痛剧烈者可肌内注射 30%安乃近20～40 毫升、安痛定 20～50 毫升等。为防感染可用青霉素和磺胺疗法。

若关节韧带断裂，特别是有关节内骨折可疑时，应尽可能地安装固定绷带。当局部炎症转为慢性时，可用碘樟脑醚合剂（碘片 20 克、95%酒精 100 毫升、乙醚 60 毫升、精制樟脑 20 克、薄荷脑 3 克、蓖麻油 25 毫升），在患部涂擦 5～10 分钟。每日 2 次，连用 5～7 天。

131 怎样诊治驴浆液性关节炎？

浆液性关节炎又称关节滑膜炎，是关节囊滑膜层的渗出性炎症，多见于跗关节、膝关节、球关节和腕关节。

（1）症状

①浆液性跗关节炎　关节变形，出现3个椭圆形的肿胀部位。突出的柔软而有波动的肿胀，分别位于跗关节的前内侧胫骨下端的后面和跟骨前方的内、外侧。交互压迫这3个肿胀部位时，其中的液体能来回流动。急性期热、肿、痛显著，跛行明显。

②浆液性膝关节炎。站立时患肢提举并屈曲，或以蹄尖着地，中度跛行。发病关节粗大，轮廓不清，特别是3条膝直韧带之间的滑膜盲囊最为明显。触诊有热、痛和波动感。当集聚黏液时而形成黏液囊肿，常波及股关节腔。

③浆液性球关节炎。在第三掌骨（跖骨）下端与系韧带之间的沟内出现圆形肿胀。当屈曲球节时，因渗出物流入关节囊前部，所以肿胀缩小，患肢负重时肿胀紧张。急性经过时，肿胀有热痛，呈明显支跛。

（2）治疗　急性炎症初期应用冷却疗法，安装压迫绷带或石膏绷带，可以制止渗出。炎症缓和后，可用温热疗法，或安装湿性绷带（如饱和盐水湿绷带、鱼石脂酒精绷带等），每日更换1次。对慢性炎症可反复涂擦碘樟脑醚合剂，涂药后随即温敷。

当渗出物不易被吸收时，可用注射器抽出关节内液体，然后注入已加温的1%普鲁卡因注射液10～20毫升、青霉素20万～40万单位，并进行药敷。出现急、慢性炎症时均可试用氢化可的松，在患部下数点注射或注入关节内；也可静脉注射10%氯化钙注射液100毫升，连用数日。

132 怎样诊治驴蹄叶炎？

蹄叶炎又称蹄壁真皮炎，是指驴蹄前半部真皮的弥漫性非化脓性炎症。前、后蹄均有发病的可能，单蹄发病则少见。本病以突然发病、疼痛剧烈、症状明显为特征，其病因尚不十分清楚。初步分析与下列因素有关：一是驴突然食入大量精饲料或难消化的饲料，缺乏运动，引起消化障碍，产生的毒素被肠吸收，导致血液循环功能紊乱而致；二是驴长期休息后突然重役；三是蹄形不正，或装、削蹄不适宜而诱发；四是驴患流感、肺炎、肠炎及产后疾病。

（1）症状

①急性期　两前蹄发病，驴站立时两前蹄伸向前方，蹄尖翘起，以踵着地负重，同时头颈抬高，体重心后移，弓腰，后躯下蹲，两后蹄前伸于腹下负重。强迫其运动时，两前蹄步幅急速而小，呈时走时停的步样。重病时，卧地不起。两后蹄发病，站立时头颈低下，躯体重心前移，两前蹄尽量后踏以分担身体负重，同时弓腰，后躯下蹲，两后肢伸向前方，蹄尖翘起，以蹄踵重地负重。强迫运动时，两后蹄步幅急速短小，呈紧张步样。四蹄同时发病，无法支持站立时会卧倒。重病者长期卧地不起，趾动脉搏动亢进，蹄温升高，蹄尖壁疼痛剧烈，肌肉震颤，体温升高（39～40℃），心跳加快，呼吸促迫，结膜潮红。

②慢性期　急性蹄叶炎的典型经过，一般为6～8天，如不痊愈则转为慢性，症状减缓。经久不愈的可出现蹄踵、蹄冠狭窄，有的蹄踵壁明显增高，蹄尖壁倾斜，整体变形。

（2）治疗　原则是消除病因，消炎镇痛，控制渗出，改善循环，防止蹄变形。治疗时，采用普鲁卡因封闭疗法和脱敏疗法。

133 怎样诊治驴蹄叉腐烂？

蹄叉腐烂是驴蹄叉角质被分解、腐烂，同时引起蹄叉真皮层炎症。厩舍不清洁、驴蹄受粪尿腐蚀、蹄叉过削、蹄踵过高、运动不足等都会妨碍蹄开闭，降低蹄叉角质的抵抗力。一般后蹄发病较多见。

（1）症状　蹄叉角质裂烂呈洞，并排出恶臭的黑灰色液体。重者跛行，特别是在软地运动时跛行严重。当真皮暴露时，容易出血、感染，最后诱发蹄叉“癌”。

（2）治疗　去除腐烂物，用3%来苏儿水或双氧水彻底洗净，填塞高锰酸钾粉或硫酸铜粉和浸渍松馏油的纱布条后，装以带底的蹄铁。笔者认为填塞高锰酸钾粉对一般脓肿的效果最好。

十二、驴病选药与用药

134 驴养殖中怎样把握兽药质量？如何进行药物质量检查？

兽药的质量可以分为内在质量、外观质量和包装质量。内在质量是指标示的活性成分及含量是否在规定的标准范围内。外观质量主要指药品有无变色、结块、潮解和沉淀。包装质量对药品的内在质量和外观质量也有影响，它可缩短药品的有效期，甚至使药品失效。

药物的外观性状与包装质量是药物质量的重要表征，兽药的内在质量检验一般由兽药检定机构负责。

135 驴养殖过程中如何进行药物质量检查？

药物在使用之前，一定要检查，其检查内容包括药物的包装检查、容器检查、标签或说明书检查、原料药相关内容检查及外观性状检查。

（1）包装检查　外包装应坚固，耐挤压，防潮湿；内包装应完整。包装破裂或已造成药品损失的，要进一步查询。包装必须注有兽药标签，并附有说明书。

（2）容器检查　对易风化、易吸湿、易挥发、易被细菌污染的药品，要检查其密封状况，如瓶盖是否松动、安瓿有无细小裂缝或渗漏等。对遇光易变质的药品，应检查其是否用避光容器盛装。

（3）标签或说明书检查　按兽药管理条例规定，标签或说明书上需注明商标、药品名称、药品规格、生产企业、批准文号、产品批号、主要成分、含量、作用、用途、用法、用量、有效期和注意事项。采购与应用时，应对外层大包装、内层小包装及容器上三者的标签内容逐一检查，看是否一致。

（4）原料药相关内容检查　我国药厂生产的药品批号与出厂日期是合在一起的。批号是用来表示同一原料、同一次制造的产品，其内容包括日号和分号。日号用6位数字表示，前两位表示年份，中间两位表示月份，最后两位表示日期。若同一日期生产几批，则可加分号来表示不同的批次。例如，040521-3表示2004年5月21日生产的第三批。

有效期是指在规定的贮藏条件下，能够保证药品质量的期限。标签上注明的有效期，表示期内有效，超过则失效。也有在有效期药品标签上注明1年或几年的，这就需要根据批号来推算。

失效期是有效期的另一种表示方法，如注明失效期为2004年9月，即表明2004年8月30前有效，从9月1日起就过期失效了。

生产中应根据批号和有效期有计划地采购药品，并在规定期限内使用，不仅可保证疗效，还能减少不必要的损失。

（5）外观性状检查

①针剂（注射剂）　水针剂主要检查澄明度、色泽、裂瓶、漏气、浑浊、沉淀和装量差异。粉针剂主要检查有无色泽、粘瓶、溶化、结块、裂瓶、漏气及装量差异和溶解后的澄明度。

②片剂、丸剂和胶囊剂　主要检查有无色泽、斑点、潮解、发霉、溶化、粘瓶、裂片及片重差异，胶囊还应检查有无漏粉和漏油。

③酊剂、水剂和乳剂　主要检查是否沉淀、浑浊、渗漏、挥发、分层、发霉、酸败、变色和装量。

136 驴养殖中怎样做好兽药贮藏？

（1）放在遮光处　指用不透光的容器包装。

（2）放在密闭处　指将药品置于容器密闭。

（3）密封　指容器封闭，防止风化、吸潮及挥发性气体进入或逸出。

（4）放在阴凉处　指温度不超过20℃。

（5）放在阴暗处　指避光且温度不超过20℃。

（6）放在冷处　指温度为2～10℃。

兽药在贮藏时一般要求温度不得超过30℃，湿度不得超过75％，特殊药品贮藏按具体规定执行，要求防止霉变和虫蛀。平时要注意药品检查，即为了达到贮藏条件要求，对药品所采取的避光、温度控制、湿度控制、防虫措施和防鼠措施检查，目的是减少和防止药品在贮藏过程中药性发生变化。保管人员应熟悉各种药品的理化性质和规定的贮藏条件；对药品进行分类管理；按“先进先出，先产先出，近期（指失效期）先出”的原则，确定各批号药品的出库顺序，保证药品始终保存在良好的药效状态。

137 怎样为驴口服用药？

口服给药是治疗驴病最基本也最常用的方法。其优点是操作比较简便；缺点是受胃肠内容物的影响较大，药物的吸收不规则，显效慢。由于口服药物有水剂、丸剂、舔剂之别，因此投药方法亦有所不同，现分别介绍如下。

（1）水剂抽入法　指将胃管经鼻腔或口腔缓慢而准确地插入食管中。若经口腔插入时，则需先给驴口腔内装上一个中央有一个圆孔的木制开口器，然后将胃管由开口器中央的圆孔缓慢插入食管。

为检验胃管是否插入食管，可将胃管的体外端浸入一只盛满清水的盆中，若水中不见气泡即可证实胃管插入无误；若水中冒大量气泡则说明胃管误插入气管，这时应将胃管拔出重新插入。此外，也可通过人的嗅觉和听觉，从胃管的体外端予以鉴别。如闻到胃内容物酸臭味则说明已插入食管；如听到呼吸音或发出空嗽声则说明误插入气管，需重新插入。经检查确实无误后，将胃管的体外端接上漏斗，然后将药液倒入漏斗，高举漏斗过驴头后药液即自行流入胃内。药液灌完后，随即倒入少量清水，将胃管中的药液冲下，拔出漏斗，再缓慢抽出胃管即可。对患有咽炎的病驴则不宜采用此法，以免因受胃管刺激而加重病情。此外，还可用橡皮灌药瓶或长颈啤酒瓶通过口腔直接将药液灌入。方法是助手固定驴头，灌药者以左手打开口腔，右手持药瓶将药液缓慢倒入口中。这种方法简便易行，一般人员都能掌握。

（2）丸剂投入法　固定驴头，投药者一只手将驴舌拉出，一只手持药丸，并迅速将药丸投到驴的舌根部；随后立即放开舌头，抬高驴头，使之咽下。若用丸剂投药器投药，则需助手协助操作。

（3）舔剂投入法　固定驴头，投药者打开口腔，一只手拉出驴舌，另一只手持竹片或木片将舔剂迅速涂于驴舌根部；随后立即放开驴舌，抬高驴头，使之咽下。

（4）糊剂投入法　牵引驴鼻环或吊嚼，使驴头稍仰，投药者一只手打开口腔，另一只手持盛有药物的灌角顺口角插入驴口腔，送至其舌面中部，将药灌下。

138 怎样为驴注射用药？

注射给药是临床治疗中常用的方法。注射前必须仔细检查注射器有无缺损，针头是否通畅、有无倒钩，活塞是否严密，并将针头、注射器用清水充分冲洗，再煮沸消毒后备用。注射部位需剪毛，并进行局部消毒。通常先用5%碘酊涂擦，再用70%酒精棉球脱碘。同时，还应检查注射药物有无变质、失效，两种以上药物同时应用有无配伍禁忌等。然后注射者将自己的手指及药瓶表面或铝盖表面用药棉消毒，打开药瓶后将针头插入药瓶抽取药液，排出针管内空气后即可施行注射。兽医于临床工作中可根据治疗需要和药剂性能分别采用皮下注射法、皮内注射法、肌内注射法、静脉注射法等进行注射。其优点是吸收快而完全，剂量准确，可避免消化液受到破坏。

（1）皮下注射法　对于易溶解、无刺激性的药物或希望药物尽快产生药效时均可用皮下注射法。注射时提起皮肤，将针头与畜体呈30°角斜向内下方刺入3～4厘米时缓缓注入药物。注入药液后拔出针头，并用酒精棉球按压针孔片刻即可。

（2）皮内注射法　驴结核菌素皮内反应检疫、炭疽芽孢苗免疫注射常用此法。注射部位在颈侧，有时在尾根。注射时一只手捏起皮肤；另一只手持针管将针头与皮肤呈30°角刺入表皮与真皮之间缓慢注入药液，以局部形成丘疹样隆起为准。

（3）肌内注射法　这是临床治疗中最常用的给药方法，注射部位多选择肌肉丰满的颈侧和臀部。先将针头垂直刺入肌肉内2～4厘米（视驴体大小和肌肉丰满程度而定），抽提活塞不见回血即可注入药液，注射后拔出针头。注射前后局部均涂以碘酊或酒精消毒，以防感染。

（4）静脉注射法　对刺激性较大的注射液，抑或必须使药液迅速见效时，多采取静脉注射法，如注射氯化钙、补液等。静脉注射给药时，对注射器具的消毒更为严格，药物要绝对纯净，如有沉淀或絮状物则绝对停止使用。

注射部位多在颈侧的上1/3与中1/3交界处的颈静脉沟的颈静脉内。注射前先将注射器或输液管中的空气排尽。注射时左手按压注射部位的下部，使颈静脉怒张，右手持针与静脉管呈45°角刺入，见回血后将针头沿血管向内深插。固定好针头，接上注射器或输液管即可缓慢注入药液。注射完毕用药棉压住针孔，并迅速拔出针头。按压注射部位片刻，以防出血，最后涂以碘酊消毒。

139 怎样为驴局部用药？

局部用药主要是外用，目的在于引起局部作用。例如，涂擦、撒布、喷淋、滴入（眼、鼻）等，都属于皮肤和黏膜的局部用药。刺激性强的药物不宜用于黏膜。

140 怎样为驴群体用药？

群体用药主要是为了预防或治疗驴群传染病和寄生虫病，促进驴发育、生长等。常用方法有混饲给药、混水给药、气雾给药、药浴、环境消毒等。

141 什么是兽药残留？驴养殖中如何控制兽药残留？

兽药残留是指食品动物用药后，动物产品的任何食用部分中与所用药物有关的物质残留，包括原型药物或（和）其代谢产物。驴养殖中应从以下几个方面控制兽药残留。

（1）树立正确的兽药使用理念，提高控制兽药残留的自觉性　首先，树立正确的兽药使用理念，减少兽药在畜牧生产上的使用误区；其次，预防驴病要在选育良种和加强饲养管理上做文章，严格执行消毒和兽医防疫制度，逐渐增强驴体对疾病的抵抗力。

（2）治病时要避免乱用药　首先，要禁止使用违禁药物、未批准的药物和可能具有“三致”作用的药物；其次，要遵循兽药处方制度；最后，应做好用药记录。

（3）研发“全程无抗毛驴养殖”新模式　驴养殖中，多使用以下产品来替代抗生素：①多使用一些中草药制剂和疫苗来控制驴病；②多选用一些功能性添加剂产品，如山川生物科技（武汉）有限公司生产的植物精油和益生菌类产品来替抗代抗生素。

十三、驴的福利与改善

142 什么叫动物福利？

动物福利是指动物从身体上、心理上与环境的协调一致。其核心理念是从满足动物的基本生理需求、心理需求的角度出发，科学、合理地饲养动物和对待动物，保障动物的健康和快乐，减少动物的痛苦，使动物与人和谐共处。

良好的动物福利，对促进我国畜牧生产的可持续发展，提高畜牧业整体的生产水平，有效控制和预防动物疫病，保障动物产品质量安全具有重要意义。世界动物卫生组织将动物福利标准纳入《陆生动物卫生法典》，强调保障动物福利是兽医的基本职责和任务，要求各成员国执行法典的动物福利标准。

143 动物福利的基本原则是什么？

动物福利的五项基本原则，最早由英国农场动物福利委员会（Farm Animal Welfare Council，FAWC）提出，其具体内容是：

（1）生理福利　动物的生理福利是指按照科学、合适的饲喂程序，给动物提供充足、安全、清洁的食物和饮水。动物的食物应当符合其营养需要。不洁净、有毒的食物和水会引起动物消化道损伤，使其产生腹泻、生长停滞、中毒，严重的可危及生命。长期采食、饮水不足，会使动物生长受阻、繁殖能力降低、免疫力下降，动物表现为消瘦、虚弱，没有活力。

1998 年欧洲联盟（以下简称“欧盟”）发布的《关于保护农畜

的理事会指令》规定，饲喂动物的食物应当是与其年龄、品种相适应的有益食物，这种食物的营养应当全面，以保证动物的健康和营养需要；不得以引起动物不必要痛苦和伤害的方式，给动物喂养食物或者流体物质；喂养的间隔应当符合动物生理学需要；应当给动物提供饮水的便利，并以其他方式满足动物获取流食的需要；动物的喂养设施和饮水设施的设计、建造和安装，应当保证食物和水污染最小化，保证不同动物之间的竞争最小化。

（2）环境福利　动物的环境福利是指根据动物的习性与生理特点，科学地设计动物的饲养场所，以及饲养场所的具体环境参数，目的是使动物在舒适的环境下生存。众多研究表明，动物所处的环境条件对动物的生理和心理均具有巨大影响，环境条件的异常会导致动物健康状况受损，生产性能下降，严重时甚至会危及动物生命。

1998年欧盟发布的《关于保护农畜的理事会指令》规定，动物栖息处的光照、温度、湿度、空气流通、通风、有害气体浓度、噪声强度等环境条件，应当符合动物的品种特点、发育程度、适应程度和驯化程度。另外，欧盟还通过《集约化养猪福利兽医科学委员会报告》《肉鸡福利》《蛋鸡福利》等研究报告，向生产者推广动物养殖中具体的环境参数。

（3）卫生福利　动物的饲养场所应保持清洁卫生，以利于其健康生长。污浊的环境中，气溶胶、动物皮肤直接接触到的地面和墙壁均带有大量致病微生物，动物在这种环境下易感染疾病。微生物活动所产生的氨气和恶臭，也会对动物呼吸道造成损害。欧盟《猪的最低保护标准》规定，必须经常清洗和消毒猪舍、栅栏等设备，以防止交叉污染和致病微生物滋生；粪尿和剩料必须得到及时清理，以减少臭味散发，引来鼠类、苍蝇。

同时，对动物应进行及时的疾病预防和诊治，以有效降低动物因疾病导致的痛苦和生产者的经济损失。对于疾病的预防，应做到控制病源、隔离带病动物、进行疫苗免疫等。对于发病动物的诊治，应该做到早期诊断要准确，并实施有效的治疗。对疾病进行有效治疗，需要综合考虑药物治疗、管理因素和环境因素。不及时的诊治会大大提高动物的死亡率，加大动物因疾病带来的痛苦，以及给生产者带来更大的经济损失。

（4）心理福利　动物天生具有较强的感官能力和警惕心理，能感受到疼痛和恐惧。在饲养、运输和屠宰过程中，不当的人为操作会给动物带来疼痛与恐惧，直接影响动物的健康和动物产品品质。

动物的心理应激主要来源于人的虐待，以及饲养、运输、试验、屠宰过程中的不合理、非人道的处置。世界各国的相关动物福利法，均明文规定禁止虐待动物。1998年德国修订的《动物福利法》规定，任何人都不得无故使动物遭受疼痛、痛苦或伤害。我国台湾地区的《动物保护法》规定，任何人不得恶意或无故骚扰、虐待或伤害动物。我国1988年颁发的《实验动物管理条例》规定，从事实验动物工作的人员必须爱护实验动物，不得戏弄或虐待它们。2010年施行的《广东省实验动物管理条例》规定，从事实验动物工作的人员在生产、使用和运输过程中，应当维护实验动物福利，关爱实验动物，不得虐待实验动物；对实验动物进行手术时，应当对其进行有效的麻醉；需要处死实验动物时，应当实施安乐死。

除了一些原则性的规定外，西方的动物福利法还针对动物的饲养、运输、试验、屠宰等环节提出了具体而又详细的要求，以最大限度地减少动物的痛苦。例如，动物屠宰中，传统的宰杀是在动物清醒状态下完成的，故动物会承受巨大的痛苦。1979年《保护屠宰用动物的欧洲公约》规定，为了使动物免受不必要的痛苦，必须采用“击晕”的方法使动物在死前失去知觉。

（5）行为福利　无论是农场动物、实验动物、工作动物还是伴侣动物，它们均是由野生动物驯化而来，其必定带有该种动物特有的习性。比如，鸡有刨土、啄食、梳理羽毛、沙浴、筑巢、在隐蔽的场所产蛋等习性。但由于鸡笼严重限制了鸡的活动，因此鸡无法自由移动、拍打翅膀及表达其他本能行为，持续处于受挫状态中。在单调和压抑的环境中，它们会把啄食行为转变为啄击其他同伴的行为。为了避免这种现象，工业化养殖采用断喙的方法。这种手术给鸡带来了巨大痛苦，不符合福利要求。由于过度产蛋，鸡的骨质疏松症极为普遍。由于缺乏运动，鸡体型较大，鸡腿难以承受体重负荷，加上骨质不好，因此很容易出现腿部骨折。为此，欧盟发布了从 2012 年开始取消使用旧式层架式鸡笼的指令。实践证明，用替代方法生产出的鸡蛋比使用旧式层架式鸡笼生产出的鸡蛋质量更好，鸡蛋的污染率和破碎率也少。因此，给予动物一定的行为福利，对动物的身心健康和人类的经济利益均有裨益。

144 驴的世界福利机构有哪些？

驴的世界福利机构是世界毛驴慈善协会。该协会成立于 1969 年，为全球性动物福利机构，致力于改善驴、骡动物的生存福祉，以及赖以生存的人的生活水平。

作为福利性机构，世界毛驴协会为改善驴健康及福利水平的全球性活动资金皆来源于善款。协会有别于政府组织，不依赖财政支持；协会有别于一般私企，不以盈利为目的。

协会下辖的 10 所庇护农场，遍布英国本土及欧洲数国，为逾 6 000头驴骡动物提供终生照料。协会拥有领域内的高级专业专家，从事科研及临床指导。协会目前已建成设备完善的兽医院、研究所，以及馆藏资料丰富的专业图书馆，为英国本土乃至全球兽医及相关从业人员提供培训。

作为全球性动物福利机构，世界毛驴协会的慈善行动目前涉足超过 40 个国家及地区，关怀从事农工业生产、交通运输，以及为肉、乳制品生产进行饲养繁育的驴骡动物。特别是在亚非拉地区，协会与当地团队及相关合作方紧密协作，为驴骡饲养及护理人员提供技术培训及相关资讯。所有医疗救助、研究试验、教育培训等服务皆以非营利的免费方式向有需要的组织及个人无偿提供。然而，一已之力毕竟有所局限，协会真诚希望各界人士鼎力参与到他们的慈善行动当中，不论是财力支持还是志愿服务，以帮助他们共同实现动物福利的美好愿景。

145 保障驴福利的基本条件是什么？

（1）制度保障　驴所有者或驴场应制订供全体驴饲养人员参考的、关于驴在饲养管理和疫病诊疗等方面的作业规范。驴在运输时，应制订运输计划和运输工具等方面的作业规范。驴在屠宰时，应制订屠宰计划和屠宰方式等方面的操作规范。

（2）人员保障　所有参与驴饲养、运输、屠宰的工作人员，包括驴所有者、饲养员、驯养员、驴场负责人、兽医、运输人员、屠宰人员及相关活动的组织者，均有保障驴福利的职责。驴所有者应在驴饲养、运输、屠宰过程中，提供合格的、充足的人员，以保障驴的福利。参与驴饲养、运输、屠宰过程和相关活动的所有人员，均应接受适当的培训，具备一定的知识技能，以保证人道地、有效地完成相关工作，履行其职责。

（3）相关工作人员的资质和职责　驴兽医应取得农业部门颁发的执业兽医师资格证书，具有专业技能和良好道德素养，能从专业角度关注和保护驴福利。驴饲养员和驯养员应具备识别驴行为需求的相关知识，了解驴的生理和生活习性，具有相应的从业经验，能够专业而负责地饲养驴，为驴提供有效的管理和良好的福利。驴运输的组织者和参与者，应保证运输工具的使用和维护，避免引起驴损伤，确保驴的安全。驴屠宰的组织者和参与者，应具备识别有效致昏和驴死亡的知识，具有相应的从业经验，能熟练使用屠宰器械和限制类药品，有能力使用和维护相关设备，能够在紧急情况下人道地处置驴。

（4）记录要求　应保存所有参与驴饲养、运输、屠宰人员的培训记录和确认文件，应保存驴在饲养、运输、屠宰过程中产生的相关文件、日志、记录等。相关记录至少应保存 3 年。

146 驴的动物福利都包括哪些内容？

驴的动物福利包括驴的饲养、运输和屠宰过程中的福利，以及与之相匹配的保障制度和具备专业素养的从业人员。

根据驴的生物学特性，应合理运用各种现代生产技术，满足它们的生理和行为需要，确保它们的健康和快乐。这里的现代生产技术，是指现代育种繁殖技术、养殖设施环境控制技术、动物疾病防治技术、营养与饲料配制技术、工业化生产管理技术等，与动物福利“五项基本原则”达到理论与实践上的对应。通俗地讲，就是要根据驴的需要来提供使其健康生长或生产的环境条件，加强应激因素管理，减少生产中不恰当的人为操作，力求得到优质、安全的驴产品。

147 驴在饲养过程中有哪些福利？

驴可以被饲养在各种条件下，如从野外放牧到集中驴厩饲养，但驴的基本待遇需求应得到满足。驴的基本饲养福利待遇包括：便利的饲料和饮水设施，以利于其保持健康和活力；行动自由，能站立、伸展和躺卧；定期的、有规律的运动；与其他驴或人交际联系；安全、舒适的厩舍和活动场地；定期检查和疾病预防，以控制驴蹄病、牙病和寄生虫病，并能快速鉴别，治疗其损伤和疾病。驴饲养过程中的福利原则是尽量满足驴的基本需求，提高驴所需产品和服务的质量。

（1）水和饲料

①水　驴的饲养中必须有充足、优质的饮水供应。应定期检查供水设施，检测水质，确保水质、水量、水温符合驴的需要。

②饲料　驴饲料应充足且符合基本的营养需要，包括糖类、蛋白质、脂肪、维生素、矿物质、电解质和粗纤维等。驴能适应多种谷物和干草，饲料中的粗饲料和精饲料应根据驴的需要进行平衡，饲料配制应有较好的适口性且经济。驴饲喂过程中，饲料中应有按一定比例混合的适当谷物和干草。

（2）饲喂原则　应制订饲喂计划，保证驴每天能得到充足、多样、均衡的饲料。按照少喂勤添的原则，每天必须饲喂2～3次，保证足够的干草，防止驴摄入过多谷物类精饲料。更换饲料要逐渐进行，加入的新饲料成分应在4～5天内逐步完成，更换饲料应在

7～10 天内逐步完成。饲料和饮水中不能含有对驴健康造成危害的物质，如霉变饲草、有毒植物、不洁饮水等。采取适当的措施，防止驴撕咬和争抢。

（3）饲养环境　以舍饲为主要饲养方式时，驴房的设计应能抵御风、雨、雪及太阳辐射等。驴房的空间应足够大，以满足驴的起卧、饲喂等行为。驴房的建筑材料，需对驴无害且易于清洁、消毒。墙壁和地面应保持光滑、平坦，以有效防止驴啃咬，减少驴受伤的风险。驴厩应有良好的自然通风或设置人工通风设备，以保证厩舍内的空气流通、清洁及适宜的温度和湿度，为驴提供适宜的生活环境。厩舍内应提供适宜的照明设施，以便于对驴饲喂、护理和防治疾病时方便操作。水糟、料槽应分设，避免相互污染。料槽应大而浅，深度为 20～30 厘米，利于驴缓慢采食。

（4）饲养管理　对驴进行饲养管理和健康护理，是驴福利的基本要求。定期给驴接种疫苗，是确保驴健康、避免出现传染性疾病的基本保障。基本饲养管理要求包括：制订日常护理日程，制订定期驱虫计划，制订常规免疫程序，制订定期牙齿保健计划，制订定期蹄部护理程序，制订日常检查程序。

定期使用驱虫药物，防治驴体内外寄生虫病。定期修蹄和护蹄，防止蹄病发生，保证驴的正常运动机能。对经常在硬地面上活动的驴要修装，并定期检查和更换蹄铁。对驴的蹄部护理，要由专业人员进行。定期进行驴的牙齿检查及搓牙，以保证驴的咀嚼功能正常。经常对驴进行刷拭和保护，必要时可添加驴衣。应具备识别不健康驴的能力，必要时由兽医来诊断和治疗驴病。对经过检查和治疗不能康复的驴，应进行人道屠宰。

148 驴在运输过程中有哪些福利？

驴运输过程中的福利原则是尽量缩短运输时间和距离，满足驴运输期间的基本需求。

（1）运输计划　驴运输前应制订详细的运输计划，包括驴的来源和所有权、出发地和目的地、出发日期和运输时间、装卸设施和人员、运输工具、运输路线、沿途停靠点等信息。

（2）运输工具　运输工具的设计、制造、维护和使用，都应避免引起驴的应激和损伤，确保驴安全。涉及跨国的运输工具，应获得输出国官方颁发的批准证书。运输工具各部分构造应易于清洁和消毒，能提供足够的照明，便于运输期间对驴进行观察和护理。运输工具不仅能保证驴在运输过程中不受到伤害，不受恶劣天气、极端温度变化的影响，而且还能防止驴逃、漏、跑，同时能够为驴提供适宜的通风和活动空间。运载笼具应适合驴的体型和体重，使用防滑地板或铺设物，尽量减少尿液或粪便的渗漏。运输工具必须有明确而清楚地标识，表明装载有活体动物并保持竖直向上。在铁路或公路运输中，必须采取措施，防范车辆颠簸和避免紧急刹车。

（3）装卸　兽医应监管整个装卸过程，对驴的运输进行适应性检查。对涉及跨国的长途运输，检查工作应在输出地由当地主管部门兽医人员完成。装卸设施的设计、制造、维护和使用应避免驴损伤，地板应有防滑设施，易清洁、消毒。驴装卸的斜坡坡度不能超过20°，斜坡面上应设置合适的装置，防止上下坡过程中驴受伤。装卸的升降台应配有栅栏，以能够承受和满足驴的体重和体型，防止驴装卸过程中逃、漏、跑。装卸期间要有适当的照明，便于观察和处理驴。

（4）运输　驴在运输期间至少每8小时必须供应一次饮水，并根据需要提供饲料。在运输过程中保证每头驴都能被观察到，以定期检查它们的状况，保证它们的安全和福利。在预定停靠点，完成喂食、饮水、处理病弱驴、清除粪便和补充给养等工作。为避免传染病的传播，来自不同地区的驴避免同一批运送。在运输途中休息时，避免不同来源地的驴相互接触。建议在运输前给驴接种相应的疫苗，以预防到达目的地可能传染的疾病。另外，成年种公驴、妊娠母驴应单独运输；妊娠超过10个月和分娩后14天内的母驴，运输时间不得超过8小时。

149 驴在屠宰过程中有哪些福利？

驴屠宰过程中的福利原则是快速而有效地将其致昏和处死，尽量缩短屠宰时间，减少驴屠宰过程中的痛苦。

（1）屠宰方法　选择合适的屠宰方法能使驴尽快失去知觉、死亡，尽可能降低屠宰过程中产生的疼痛、痛苦、焦虑和恐惧，以确保屠宰过程中的福利。

驴屠宰方法的选择和屠宰计划的制订应考虑的因素有：屠宰驴的大小、数量、年龄、类型和屠宰顺序；驴的饲养环境，如放牧场、饲养场、野外等；屠宰过程需要使用的专用设备，如枪械、药品等；驴屠宰的目的，如肉用、皮用等；对疫病屠宰/疫病控制过程中的屠宰，应考虑病原体可能传播的风险；驴屠宰过程及尸体对周围环境的影响；驴屠宰工作人员的素质和数量；驴屠宰地点的选择，尽量避开同类动物或健康动物。

（2）宰前准备　为尽可能减少摔倒或滑倒对驴造成的伤害，避免逼迫驴以大于正常频率的速度行走，尽量减少驴的处置和移动。采取适当措施，避免驴受到伤害或损伤。在任何情况下，都不能使用暴力或有伤害性的器具驱赶驴。确保驴屠宰时应有足够器械和药品的供给，以便能顺利地完成屠宰工作。驴屠宰时，建议驴主或其家庭成员中与屠宰驴关系密切的人避免出现在屠宰现场，或者由专业人员提供满意和完整的屠宰解释。驴屠宰前采取适当的保定措施，以便安全地靠近驴，减少人员和驴的损伤。保定方式包括机械方式或镇静药物注射方式。驴的腿不能被绑住，不能在致昏或处死前悬挂驴。

（3）屠宰　国际上推荐的驴人道屠宰方法有3种：机械致昏后的放血法、枪击法和药物注射法。

①机械致昏后的放血法　驴屠宰的致昏点为双侧眼耳连线的交叉点，使用致昏器械对准驴的枕骨大孔垂直打击后可将驴致昏。致昏后的驴应有如下表现：立即倒下，并不再试图重新站立；背部和腿部肌肉痉挛，后腿曲于腹下；呼吸节奏停止；眼睛停止转动，直视前方。

在驴屠宰过程中，驴的保定、致昏和放血，要按照先后次序连续进行，只有做好后一道工序的准备工作，才能实施屠宰操作。致昏后的驴，尽快切断颈动脉或开胸放血，以确保驴能快速死亡。

②枪击法　枪击法在国外比较常见，必须由具有相关技能、受过专业培训和有经验的工作人员来执行。

③药物注射法（安乐死）　药物注法应由接触过驴的兽医或与驴亲近的人员执行。在注射过程中，驴必须得到有效控制，针头应固定在静脉中，保护操作人员的安全。药物注射法使用的致死液应该是被认可、有效且人道的致死剂。应尽快完成药物注射，方便时可在左右颈静脉同时注射。此外，应确保药物注射后驴的尸体得到有效处理，防止致死药物对环境造成二次污染。药物注射过程中应该先使用镇静剂，而后采用致死剂。

150 工作驴在工作过程中有哪些福利？

工作驴是指用于耕作、牵引和其他沉重劳动的驴。

（1）加强工作驴的感情维系，减少强制性的束缚　一般来说，工作驴在为人工作时，为了更好地控制工作驴，让其提供更好的工作内容或者防止其走失，一般都用缰绳或者脚绊进行束缚，这样会严重束缚驴的活动。如果改善人与工作驴之间的亲和关系，工作驴就会对人的带领或者说带领程度大大加强，再加上使用者利用口令或者肢体语言与驴沟通，工作驴就能理会使用者的意思。在此前提下，可以减少对工作驴使用缰绳或者脚绊，减少对工作驴强制性的束缚，增加工作驴活动的灵活性。

（2）改善工作驴的辅助器具，减轻其工作时的疼痛　在使用工作驴的过程中，会利用到各种各样不同的辅助器具，如驴拉车使用的项圈和挽具等。在使用这些辅助器具时，首先要根据工作驴的种类、大小进行科学合理的设计，使之能够符合工作驴的生理结构，以发挥工作驴最大的使用效率。其次为了保证辅助器具强度或耐用性，一般都是利用强度比较高的木头或者金属制作，高硬度的辅助器具和工作驴的皮肤部位直接接触，会导致工作驴皮肤疼痛，甚至受伤。为了减轻这种疼痛，可以考虑在这两者之间加上柔软的铺垫物，以减轻工作驴工作时的痛苦。

（3）合理使用工作驴，避免出现热应激　工作驴在工作中由于气候炎热或者工作过度出现热应激现象时，解决的办法主要有：一是在工作驴身上泼洒凉水，使其体温迅速下降，然后给予提供合适的有荫蔽的休息处。二是不管是哪一类工作驴，在工作过程中为其提供充足的饮水非常重要。工作驴每天需要饮水至少 20 升，饮水不足可能导致脱水。

（4）合理安排工作时间，避免工作过度劳累　工作过度现象一般出现在从事农业生产使用的使役驴和运载货物拖曳的工作驴。缓解这种现象的最主要方法就是合理安排时间，在农忙季节适当增加使役驴工作期间的休息时间，使工作驴不要过度劳累。对于运载货物的驴，虽然没有一个很好的标准，但具体应用过程中要根据道路的状况和拖曳工具的状况适当安排运载货物的量，尽量减少超负荷拖曳的现象出现。

151 驴在竞技过程中有哪些福利？

（1）驴必须是适合、胜任和身体健康

①参赛能力　参与比赛的驴和骑手，都必须有健康证明。

②健康状况　有显示疾病症状、跛行或其他明显疾病或有临床病情的，将不能参加比赛或继续进行比赛。因为这样做会损害驴的福利，建议兽医必须对此认真检查并负责。

③兴奋剂、抑制剂和药物治疗　使用兴奋剂、抑制剂和滥用药物是一个严重的福利问题，是不能容忍的。经过兽医治疗后，驴必须有足够的时间休息，以保证在赛前完全康复。

④妊娠/最近产驹的母驴　妊娠 4 个月后或刚刚产驹的母驴不能参加比赛。

⑤滥用辅助物　不允许对驴滥用天然或人工辅助物（如鞭子）。

（2）赛事不能妨碍驴福利

①比赛场所　驴必须在合适和安全的地面上进行训练和比赛，所有的障碍设计必须考虑驴的安全。

②场地表面　驴行走、训练和比赛的场地表面在设计和维护时，必须考虑减少导致驴受伤的因素，特别要注意表面的材料和

保养。

③极端天气　如果极端天气条件影响驴的福利或安全，那么驴就不能参加比赛。在过热或潮湿的环境下比赛后，必须迅速给驴降温。

④比赛隔离场　隔离场必须安全、卫生、舒适、通风良好并有足够的空间和处置场地；必须有清洁、适当的饲料，休息用品，新鲜的饮用水和冲洗水。

⑤赛后休整　驴经过比赛后必须做适当休整。

（3）所有的驴必须确保在比赛中得到适当的照顾，已经退役的驴必须得到人道的待遇

①赛事检查　驴非常愿意服从它们的乘客，因此很容易导致过度劳累。为防止这种情况发生，许多这样的体育运动在整个赛事过程中需要执行一系列的检查。兽医检查后确认驴的健康状况是否允许比赛，如果不具备继续参加比赛的能力，则驴的兽医可以要求取消竞争。特别是在耐力赛中，应分段对驴进行健康检查，对规定时间内心跳不能恢复到规定指标的驴，应该立即中止比赛。

②兽医治疗　在比赛过程中，必须有专业兽医一直在场。如果驴在比赛中受伤或疲惫，选手必须要下驴，让驴接受兽医检查。

③中转场所　必要情况下，驴应集中在救护车后才运送到最近的治疗中心就近地进一步评估和治疗。受伤的驴，在运输前必须给予充分治疗。

④比赛受伤　在比赛过程中，应监测驴意外受伤的事故发生率。必须仔细研究比赛地面的环境、驴比赛的频率及其他风险因素等，进而减少驴伤害。例如，进行耐力赛的休息检查时，如果驴在规定的20分钟内，每分钟心率不能降到64次以下，将取消继续比赛的资格。

⑤安乐死　如果驴受到严重的伤害且不能保证今后的生活质量时，兽医应该尽快从人道主义方面对驴进行安乐死，以减少驴的痛苦。

⑥退役　对于退役的驴，确保应该被人道地对待。

152 观赏驴在观赏过程中有哪些福利？

观赏驴是区别于役用和赛用的驴，主要用于为人提供陪伴和愉悦。常见品种是矮驴，又称宠物驴。

在观赏过程中，应做到：① 不能对宠物驴有虐待行为，如不能故意打、踢或烧伤驴，使得驴遭受痛苦。除此之外，要关注在各种娱乐活动中使用的宠物驴。例如在影视作品及驴的娱乐表演中，要格外爱护和保护宠物驴。②宠物驴的主人应该负责其一生的照料和福利，在无法继续照顾时要将其安排给更可靠的人。③宠物驴的主人禁止以不人道的及不加选择的方法处死它们，包括毒杀、枪杀、击打致死、溺死或随意屠杀。

十四、驴的有关政策与补贴

农业农村部对全国人大代表秦玉峰（东阿阿胶总裁）在十三届全国人大一次会议第 7623 号建议作出答复称，将按照中央要求，加强政策引导和资金支持，指导各省进一步贯彻落实乡村振兴战略和扶贫攻坚要求，支持包括养驴业在内的特色产业发展。下一步，农业农村部将统筹考虑养驴业发展，深入开展示范创建活动，加强先进养殖工艺、技术和装备推广力度，带动提升养驴业发展水平；根据产业发展需要，争取建立相关产业技术体系，强化驴产业科技支撑；认真研究、适时启动国家级毛驴核心育种场遴选工作，支持开展育种研究和繁育推广。具体如下：

153 关于把养驴业融入乡村振兴和扶贫攻坚的答复是什么？

养驴业是重要的特色畜牧业，在扶贫攻坚和乡村振兴中发挥着重要作用。2016 年，我部会同国务院扶贫办等八部委联合印发了《贫困地区发展特色产业促进精准脱贫指导意见》，要求各地贫困县选准适合自身发展的特色产业，提高发展能力。2017 年，我部会同国家发展改革委等部门联合印发《特色农产品优势区建设规划纲要》，明确要求创建特色马驴特优区。2018 年，我部印发《关于大力实施乡村振兴战略加快推进农业转型升级的意见》，要求加强包括驴在内的特色农产品优势区建设，再创建认定一批国家特优区，加大特优区建设政策支持力度。2017 年，中央财政安排财政专项扶贫资金 861 亿元，资金使用权已完全下放到县，按照脱贫攻坚

“省负总责，县抓落实”要求，各地可根据自身实际，统筹安排中央补助资金，支持包括养驴业在内的优势特色产业发展。我部和国务院扶贫办等部门将按照中央要求，加强政策引导和资金支持，指导各省进一步贯彻落实乡村振兴战略的扶贫攻坚要求，支持包括养驴业在内的特色产业发展。

154 关于把养驴业列入农业“大专项+任务清单”的答复是什么？

根据2017年中央1号文件，财政部会同我部推进专项转移支付预算编制环节源头整合改革，探索实行“大专项+任务清单”管理方式，具体任务清单分约束性任务和指导性任务，将原来农业领域相关的专项转移支付进一步整合，资金实行因素法分配切块下达地方。关于您提出把养驴业列入农业“大专项+任务清单”的建议，各地可在大专项任务清单范围内，按照有关规定统筹中央和地方资金予以支持。

155 关于把养驴业和养驴扶贫模式列入粮改饲试点的答复是什么？

2015年，国家启动实施粮改饲试点工作，目前试点范围已经扩大到17个省（区）。粮改饲试点工作坚持以养定种、因地制宜的原则。一是以草食家畜养殖主体或饲草料专业收购主体实际需求为着力点，确保生产的饲草料销得出、用得掉、效益好。二是按照因地制宜的原则确定种植品种，由各地根据资源条件和种养双方意愿合理选择。三是在政策落实上给予地方充分的自主权，坚持资金到省、任务到省、责任到省，试点县由各省区自主遴选，补助范围、对象、标准和程序等由地方自主确定。养驴业符合粮改饲试点政策，有关省（区）可根据产业发展需要开展相关试点。下一步，我部将会同财政部加大资金支持力度，加强技术支撑和宣传引导，争取进一步扩大粮改饲政策覆盖面。

156 关于把养驴业列入畜牧业示范建设范围的答复是什么？

我部从2010年起，组织开展畜禽养殖标准化示范创建活动，以“畜禽良种化、养殖设施化、生产规范化、防疫制度化、粪污元害化”为主要内容，在全国范围内遴选一批示范场，以点带面提升畜禽养殖标准化水平。截至2017年年底，全国累计创建畜禽养殖标准化示范场4 179个，其中养驴企业2个。2018年我部大幅提高创建标准和要求，将在全国创建100个现代化的畜禽养殖标准化示范场，包括养驴企业1个。下一步，我部将统筹考虑养驴业发展，深入开展示范创建活动，加强先进养殖工艺、技术和装备推广力度，带动提升养驴业发展水平。

157 关于支持和加强驴业科技研究的答复是什么？

我部主要通过和财政部共同组建的现代农业产业技术体系等渠道支持农业科技进步，已经组建了50类农产品的产业技术体系，中央财政每年投入专项资金支持开展科技研究。目前，驴产业尚未列入现代农业产业技术体系。下一步，我部将在充分调研和征求各方意见基础上，根据产业发展需要，争取建立相关产业技术体系，围绕保种育种、繁殖推广、科学养殖、疫病防治、产品加工等开展联合攻关，强化驴产业科技支撑，促进养驴业健康快速发展。

158 关于建设国家和省级毛驴核心良种场的答复是什么？

我部高度重视毛驴品种的保护培育和良种扩繁，为养驴业发展提供有力支撑。2014年我部公布的国家级畜禽遗传资源保护名录收录了关中驴、德州驴、广灵驴、泌阳驴、新疆驴等5个国家级保护品种。通过实施畜禽良种工程等项目，支持建设了5个国家级地方驴保种场。组织实施畜禽种质资源保护费项目，每年安排资金支持开展地方驴资源保护和开发利用工作，明显提高了驴品种保护开发能力。我部会同国家发展改革委正在编制的现代种业提升工程建设规划，已将驴纳入支持范围，将规划布局建设畜禽种业育繁推一体化示范项目，提升育种水平、供种能力和推广服务能力。目前，我部尚未开展毛驴核心育种场建设。下一步，将认真研究、适时启动国家级毛驴核心育种场遴选工作，支持开展育种研究和繁育推广，从源头提升驴业发展水平。

159 地方政府有哪些养驴的扶持政策？

近几年，养驴产业兴起，养驴更是被冠以“助力精准扶贫”的民生产业，全国各地出台相关扶持政策，支持驴产业发展。为了让广大“驴友”了解行业动态，把握政策走向，笔者特选择国家和部分地方政府有关养驴资金扶持摘要，供参考。

《全国草食畜牧业发展规划（2016—2020 年）》 （农牧发〔2016〕12 号）

产业：驴

核心区域：山东、甘肃、辽宁、新疆、内蒙古

主要任务：推进建设示范性驴产业基地，巩固发展驴皮、驴奶、驴肉等传统产品，积极研发生物制品，延伸产业链条。

160 各省、自治区扶持养驴政策摘要是什么？

——山东聊城市扶持养驴补贴摘要

《关于聊城市养驴产业发展及养驴扶贫工作有关政策的补充意见》（聊办字〔2016〕18 号）

政府资金扶持：

（1）对养殖规模超过 300 头以上的标准化示范场，政府一次性扶持奖励 10 万元；对养殖规模超过 600 头以上的标准化示范养殖场，政府一次性扶持奖励 20 万元；养殖规模超过 1 000 头的大型养殖场，政府一次性扶持奖励 30 万元。

（2）养殖规模超过 200 头，并为贫困户免费提供 100 头以上养驴圈舍（80 米以上槽位）及料库等养驴条件，带动 50 户以上贫困

户参与养驴的，经扶贫、畜牧部门确认贫困户进场养殖的，政府一次性扶持奖励10万元；养殖规模超过400头，为贫困户免费提供200头以上养驴圈舍（160米以上槽位）及料库等养驴条件，带动100户以上贫困户参与养驴的，经扶贫、畜牧部门检查确认，政府一次性扶持奖励20万元；养殖规模超过600头，为贫困户免费提供300头以上的养驴圈舍（240米以上槽位）及料库等养驴条件，带动150户以上贫困户参与养驴的，经扶贫、畜牧部门检查确认，政府一次性扶持奖励30万元。

（3）参与扶贫的养驴场（户）、合作社、以每饲养20头育肥驴或10头母驴带动1个无劳动能力的贫困人口脱贫为享受驴驹补贴政策的最低标准，每新生一头驴驹补贴1 200元。

（4）贷款担保及贴息：成立金融扶贫担保公司，为参与扶贫的养驴场、合作社开展金融担保服务，每带动1个贫困户，为其担保贷款10万元，并给予贷款贴息，分别由金融支持畜牧业发展资金和市级专项扶贫资金各解决50%，并保证带动的贫困户每年增收不低于山东省的1个贫困人口最低收入标准的收益。

——内蒙古敖汉旗扶贫养驴补贴摘要

《敖汉旗2013年肉驴产业专项推进工作实施方案》的通知（敖政办发〔2013〕38号）

政策要点：

（1）驴产业发展运作模式：公司＋专业大户＋基地

（2）政府扶持补贴标准：

基础母驴补贴标准：新引进的基础母驴经验收符合标准，采取直补方式，每头补贴1 500元，分两年补完，购买基础母驴所需贷款由乡镇政府协调解决。

种公驴补贴标准：新引进的种公驴经验收符合标准的，采取直补方式，每头补助5 000元，一次补完。对引进纯种乌头驴可适当提高补贴标准。

改良站建设补助：新建改良站要有固定场所和房屋，引进两头种公驴，器械配备齐全，并有一名熟悉人工授精操作的技术人员，各个改良站经验收符合标准，给予适当的补助。

养殖肉驴专业大户补贴：符合规模养殖标准的专业大户，通过担保公司解决适当规模的贷款，补助贷款贴息一年。

——内蒙古巴林左旗扶持养驴补贴摘要

《巴林左旗发展农牧业产业助力脱贫攻坚实施方案》的通知（左党发〔2017〕3号）

肉驴养殖专业村支持政策：

金融贷款贴息：利用金融贷款购买5～10头优质基础母驴、20～50头/年及以上育肥驴的养殖户，贷款贴息0.2%；利用金融贷款购买10头以上优质基础母驴、50头/年以上育肥驴的养殖户，贷款贴息0.3%；每户最高贴息贷款金额不超过50万元。

标准化棚圈补贴：养殖户新建标准化棚圈，补贴150元/米^2，每户最高补贴500米^2。

草料库补贴：养殖户新建草料库，补贴120元/米^2，每户最高补贴100米^2。

改良点建设补贴：每个专业村建设改良点1处，每处补贴1万元。

——内蒙古库仑旗扶持养驴补贴摘要

《库仑旗驴产业发展优惠政策》的通知（库党字〔2014〕46号）

实施信贷扶持：旗政府对发展驴产业实行贷款全额贴息扶持政策。

实行政府补助：旗政府设立500万元驴产业发展财政专项扶持资金，用于鼓励养驴小区发展和购驴补贴。

实行用地优惠：对良种繁育场、规模养殖场、合作社等建设用地按农业用地对待，享受相关优惠政策。

其他优惠政策：鼓励新建养驴小区集中养殖：对新建养殖规模达到100头以上的标准化养殖小区，给予10万头基础设施建设扶持资金。

——内蒙古化德县扶持养驴补贴摘要

《化德县扶持肉驴产业发展实施意见》的通知（化政办发

〔2016〕115号）

驴产业发展运行模式：公司＋专业合作社＋基地＋农户

政府对养殖户的支持政策：

（1）通过“三到村三到户”扶贫项目和整合涉农涉牧项目，采取菜单式扶贫形式对贫困户发展肉驴产业予以项目扶持和资金补贴。养殖户每购进一头基础母驴补贴300元，每户限购2头，建档立卡贫困户每购进一头基础母驴政府补贴500元，每户限购2头。

（2）政府补贴建设圈舍，每户40米^2，在建设青贮窖，储草棚方面给予一定的补贴。

（3）对肉驴养殖户，通过金融扶贫贷款解决贫困户发展生产资金不足的问题，并予以年利率5%的利息补贴。

——内蒙古五原县扶持养驴补贴摘要

《五原县肉驴产业发展规划（2017—2020）》的通知（五政办发〔2017〕102号）

政府政策扶持：

养驴贷款贴利：协调银行部门优先为养驴户提供贷款支持，每户发放养殖贷款3万～5万元，贷款周期3年，由政府给予一定的贷款贴息，保障一个生产周期内资金的稳定性。

种驴补助：对购买种驴给予补贴，购买成年种公驴，每头补贴3 000元，购买成年基础母驴，每头给予补贴2 000元。

以奖代补：对入驻肉驴养殖园区的规模养殖户给予鼓励支持，新增养殖规模在100头以上的养殖户或企业，入驻园区养殖1年以上，政府以奖代补奖励10万元；新增养殖规模200头以上的养殖户或企业，入驻园区养殖1年以上，政府以奖代补奖励20万元。

饲草料补贴：将养驴购买的饲草料或种植推广的饲草料纳入粮改饲项目补贴中，鼓励支持养驴业发展。

——辽宁省建昌县扶持养驴补贴摘要

《建昌县扶贫肉驴繁育基地建设实施方案》的通知（建脱贫办发〔2016〕20号）

政策要点：

（1）2017—2019年，县政府对存栏100头以上、200头以上、300头以上、达到扶贫肉驴繁育基地建设标准的肉驴繁育养殖场，用贫困项目资金给予一次性基建补贴20万元、30万元、40万元。

（2）2017年到2019年，县政府对存栏100头能上能下、200头以上、300头以上、达到扶贫肉驴繁育基地建设标准的肉驴繁育养殖场，用贫困项目资金每年给予养殖补贴10万元、20万元、30万元。

——吉林省桦甸市扶贫养驴补贴摘要

《桦甸市肉驴产业发展规划（2017—2019）》的通知（桦政发〔2017〕8号）

政策要点：

养驴贷款贴息：利用银行“吉牧贷”信贷资金，专门设立驴业发展基金，优先为养驴户提供贷款支持，养驴户必须是从域外购买，每户发放贷款3万～5万元，贷款周期3年，由政府给予贷款贴息3年，充分解决散养户资金难题，保障一个生产周期内资金的稳定性。

新增驴驹补助：对存栏基础母驴10头以上的养殖户纳入补助范围，实行母驴存栏定主体，新增驴驹给予补助资金400元/头。新增驴驹为核查实由母驴一年之内所产的驴驹，外购的驴驹不计入新增驴驹范围。

资金奖励：对养殖规模100头以上标准化规模养殖场，政府一次性扶持奖励10万元；对养殖规模200头以上标准化规模养殖场，政府一次性扶持奖励20万元；对养殖规模500头标准化规模养殖场，政府一次性扶持奖励30万元。

繁改补贴：对新建配种站经验收合格，由市政府一次性奖励1万元。

——山西省扶贫养驴补贴摘要

《关于做好“8311”产业扶贫重大项目实施工作的指导意见》（晋产业扶贫办发〔2017〕3号）

十万头驴养殖项目：

实施范围：4 市 20 个贫困县

实施内容：养殖肉驴 10 万头

支持环节：肉驴引进、养殖补助、培训指导

支持标准：每头补助 3 000 元

实施主体：养驴企业、专业合作社、农民散养户

——甘肃省白银市扶持养驴补贴摘要

《白银市大力发展黑毛驴和奶骆驼特色养殖业实施意见》的通知（市委办发〔2017〕48 号）

政策要点：主要运作模式及扶持政策：

贷款养殖扶持政策：

拟在全市推广“龙头企业＋商业银行＋合作社＋农户”的发展模式。

2018—2020 年引进的黑毛驴和奶骆驼贷款，市财政分年度按 50％贴息 3 年。

服务指导扶持政策：

养殖大户或养殖合作社每带动 50 户农户，并提供授精、技术指导等服务，经检查验收达标的，在正常向农户收取服务费用的基础上由市财政每年额外补贴 2 万元。

规模养殖扶持政策：

拟对新引进数量超过 50 头（峰）以上，每新引进 1 头（峰），市财政一次性补贴 5％的良种引进费用；引进数量超过 100 头（峰），每新引进 1 头（峰），市财政再次补贴 5％的良种引进费用。

附录一　驴病防治的常用兽药

附表 1　常用抗微生物药

类别	药品名称	参考用量及用法	主要用途及注意事项
青霉素类	青霉素 G 钾（钠） 本品为无色晶粉	①注射用青霉素 G 钾，肌内注射一次量，驴驹 10 000～15 000 国际单位（按体重计），驴 4 000～8 000 国际单位（按体重计），每天 2～4 次，或按上述剂量加大 1 倍量，每天 1～2 次 ②注射用普鲁卡因青霉粉，肌内注射，驴驹 10 000～15 000 国际单位（按体重计），驴 5 000～10 000国际单位（按体重计），每天各 1 次	主抗革兰氏阳性菌（如葡萄球菌、链球菌、炭疽杆菌等）。临床作用于敏感菌所致的抗菌效力，用国际单位（IU）表示，0.6 微克青霉素 G 钾抗菌效力为一个国际单位

（续）

类别	药品名称	参考用量及用法	主要用途及注意事项
青霉素类	氨苄青霉素与阿莫西林	①注射用青霉素钠盐，肌内注射一次量，驴驹 2～7 毫克（按体重计），每天 2 次 ②阿莫西林耐酸（可内服），广谱、半合成青霉，生物利用度比氨苄青霉素高 2 倍，用于敏感疑细菌引导起的呼吸道、泌尿道和软组织感染的治疗；其粉针肌内注射，驴 5～10 毫克/千克（按体重计），每天 1 次	氨苄青霉素是半合成耐酸（可内服）广谱，为白色粉末，对革兰氏阳性菌和阴性菌均有效。与庆大霉素、卡那霉素、链霉素合用有协同抗菌作用
氨基糖苷类	链霉素	注射用硫酸链霉素粉及硫酸链霉素注射液，肌内注射一次量，驴 10 毫克/千克（按体重计），每天 2 次	对多数革兰氏阳性菌有效，但不如青霉素好，对结核杆菌和多数革兰氏阴性菌如布鲁氏菌、沙门氏菌、巴氏杆菌、大肠杆菌等抗菌作用较好
	庆大霉素 本品为白色粉末，易溶于水	①硫酸庆大霉素注射液，肌内或静脉注射一次量，驴 1 000～1 500 单位（按体重计） ②庆大-小诺霉素，对革兰氏阴性菌作用较强，其注射液肌内注射一次量，驴 1～2 毫克/千克（按体重计），每天 1～2 次	广谱抗生素，常用于革兰氏阳性和阴性菌感染的治疗。本品有损害听觉神经的毒性，并可引起细菌的耐药性
大环内酯类	红霉素 本品为白色晶状物	①红霉素片（肠溶片），内服一次量，驴驹 20～40 毫克/千克（按体重计），每天 2 次 ②硫氰酸红霉素注射液，肌内注射一次量，驴 1～2 毫克/千克（按体重计），每天 2 次	抗菌作用与青霉素相似，主要用于耐青霉素的细菌感染。本品不可用生理盐水等含无机盐溶液配制，以免产生沉淀

（续）

类别	药品名称	参考用量及用法	主要用途及注意事项
四环素类	土霉素 本品为黄白晶粉	①土霉素片内服一次量，驹 10.25 毫克/千克（按体重计） ②注射用盐酸土霉素，静脉和肌内注射量：驴 5～10 毫克/千克（按体重计） ③复方长效土霉素注射液。肌内注射一次量：家畜 20 毫克/千克（按体重计），经注射 1 次后，病情较重的可隔3～5 天再注射 1 次	广谱抗生素，主要用于革兰氏阳性菌和阴性菌、衣原体、支原体、泰勒梨形虫、附红细胞体、立克次体、螺旋体感染。成年驴不宜内服，否则易引起消化紊乱。因四环素类抗生素属人畜共用抗生素，易产生耐药性
多肽类	杆菌肽 本品为白色或淡黄色粉末	①杆菌肽片，内服一次量：驹 5 000 单位，8～12 小时 1 次 ②注射用杆菌肽，肌内注射一次量：驴 1 万～2 万单位，每天 1 次	主要用于革兰氏阳性菌，特别是金葡菌、溶血性链球菌引起的败血症、肺炎、乳腺炎和局部感染
抗真菌抗生素与合成抗真菌药剂	两性霉素 B 本品为橙黄色针状结晶	注射用两性霉素 B，静脉注射一日量：驴连用 4～10 天，1 毫克再用 4～8 天	主要用于深部真菌感染，如芽生菌病、组织胞浆菌病、念珠菌病、球孢子菌病、曲霉病（肺烟曲霉）和毛霉菌病等，对肺部和胃、肠道真菌病可用内服或气雾吸入以提高治疗效果，与利福平合用可增效
	制霉素 本品为淡黄色粉末，有吸湿性，不溶于水	制霉素菌片，内服一次量，驴 250 万～500 万单位	为广谱抗真菌药，主要用于治疗胃肠道及皮肤黏膜念珠菌病，如牛真菌性胃炎、曲霉和毛霉菌性乳腺炎（乳管注入）等

（续）

类别	药品名称	参考用量及用法	主要用途及注意事项
抗真菌抗生素与合成抗真菌药剂	克霉唑（三苯甲咪唑，抗真菌1号） 本品为白色结晶，有吸湿性，不溶于水	①克霉唑片内服量，驴驹1.5～3.0克/千克（按体重计），成驴10～20克/千克（按体重计），分2次服 ②克霉唑软膏，1%～5%涂于患处，每天1次	广谱抗真菌药，主要用于皮肤与黏膜癣菌、毛癣菌以及黄霉菌的感染。亦可内服治疗真菌引起的肺部、尿路、胃、子宫感染
	益康唑	①益康唑软膏，1%～5%，涂于患处，每天1次 ②硝酸咪康唑霜（达克宁霜），含20毫克/克，涂于患处（治皮癣菌病）或注入阴道深入（治念珠菌阴道炎），每天1次	本品为合成广谱速效抗真菌药，对革兰氏阳性菌（特别是球菌）也有抑制作用，主要用于治疗皮肤和黏膜的癣菌病、念珠菌阴道炎等真菌感染
磺胺类	磺胺噻唑（ST）	①磺胺噻唑片，内服一次量：驴0.14～0.2克，维持量0.07～0.1克，每8小时1次 ②磺胺噻唑钠注射液，静脉或肌内注射一次量：驴0.07克，每8～12小时1次	合成的抑菌药，对大多数革兰氏阳性菌和某些阴性菌都有效，临床上用于治疗败血症、肺炎、子宫内膜炎。①本品经肝脏代谢失活的产物乙酰磺胺的水溶性比原药低，排泄时易在肾小管析出结晶（在酸性尿中），从而引起肾毒害。②为了维护其在血中的药物浓度优势，要求首剂用倍量（突击剂量），同时维持量和疗程要充足（急性感染症状消失后，需再用药2～3天才可停药），以免细菌产生耐药性或复发。③为了既保护疗效又能防止析出结晶尿毒害肾脏，要多给动物饮水或灌服水，并投喂与磺胺药等量的碳酸氢钠以碱化尿液，以增加磺胺药代谢产物的溶解性，防止发生结晶尿

（续）

类别	药品名称	参考用量及用法	主要用途及注意事项
磺胺类	磺胺嘧啶（SD）	①磺胺嘧啶片，内服一次量，驴首次量 0.1 克/千克（按体重计），维持量 0.05 克/千克（按体重计），每 12 小时 1 次 ②磺胺嘧啶钠注射液，静脉或肌内注射一次量，驴 0.05 克/千克（按体重计），每 12 小时 1 次	抗菌作用同 ST，特点是与血清蛋白的结合率低，容易透过血脑屏障，是在脑脊髓液中浓度最高的磺胺药，更适用于脑与脊髓神经感染病，如球菌性脑膜炎与脑脊髓炎等。本品乙酰化率比磺胺噻唑低，但用药时仍需多给动物饮水及合用等量碳酸氢钠以碱化尿液，防止结晶尿发生
	磺胺间甲氧嘧啶（SMM，制菌磺）	①磺胺间甲氧嘧啶片，内服一次量，驴首次量 0.05 克/千克（按体重计），维持量 0.025 克/千克（按体重计） ②磺胺间甲氧嘧啶钠注射液，静脉或肌内注射剂理同片剂	抗菌作用最强的磺胺药，乙酰化率低。乙酰化物在尿中溶解度大，不易发生结晶尿，维持有效血药浓度可达 24 小时。与甲氧苄啶合用，可明显提高疗效
喹诺酮类药剂	环丙沙星（环丙氟哌酸）	①乳酸环丙沙星注射液，肌内注射，驴2.5～5毫克/千克（按体重计）。静脉注射，驴2毫克/千克（按体重计），每天2次 ②乳酸环丙沙星原粉，混饮按 25 毫克/千克（按体重计）浓度连用 3～5 天	氟喹诺酮类抗菌最强的一种制品。主要用于治疗驴的肠道和慢性呼吸道疾病及混合感染
	恩诺沙星（乙基环丙沙星）	5%或 10%恩诺沙星注射液，肌内注射一次量：驴用 2.5 毫克/千克（按体重计），每天 2 次	用于治疗巴氏杆菌、沙门氏菌、葡萄球菌、链球菌、支原体引起的感染，如支气管肺炎、乳腺炎、子宫内膜炎、肠炎、皮肤与软组织感染

（续）

类别	药品名称	参考用量及用法	主要用途及注意事项
喹诺酮类药剂	丹诺沙星（单诺沙星、达氟沙星）	丹诺沙星甲磺酸盐注射液，肌内或皮下注射一次量：1.25 毫克/千克（按体重计），每天 2 次	氟喹诺酮类专供兽用的广谱抗菌药，吸收后的肺组织的药物浓度是血浆的 5～7 倍。对蒽诺沙星耐药的细菌，本品仍然有效。对巴氏杆菌、肺炎支原体、大肠杆菌引起的感染或混合感染引起的败血症、肺炎、下痢等病特别适用
	麻保沙星	驴用量为 2～4 毫克/千克（按体重计）	本品的抗菌谱广，抗菌活性强。对革兰氏阳性菌和革兰氏阴性菌、厌氧菌及支原体都有很强的抗菌活性。对红霉素、强力素和磺胺类产生耐药的细菌本品仍然敏感
	沙拉沙星	盐酸沙拉沙星水溶性好，已有注射剂、口服液、预混粉剂及片剂等剂型	本品抗菌活性与对组织的渗透性强，能分布到体内各组织器官且能进入骨髓和通过血脑屏障，对革兰氏阳性菌、阴性菌及支原体和某些厌氧菌均有较强的杀菌力，杀菌作用不受细菌生长期或静止的影响。但当尿液 pH 降低（pH＜5）和镁离子浓度升高时，其抗菌活性减弱。是适用于治疗对磺胺类、抗生素等耐药的细菌引起的感染的广谱杀菌剂

（续）

类别	药品名称	参考用量及用法	主要用途及注意事项
二氨基嘧啶类药物（抗菌增效剂）	甲氧苄啶（TMP、甲氧苄嘧啶）	①氧苄啶片，内服一次量：驴 10 毫克/千克（按体重计），每 12 小时 1 次 ②氧苄啶注射液，肌内或静脉注射，参照片剂用量 ③复方磺胺嘧啶片，复方磺胺甲噁唑片（复方新诺明片）、复方磺胺间甲氧嘧啶片、复方磺胺对甲氧嘧啶片。内服一日量：驴 30 毫克/千克（按体重计） ④复方磺胺嘧啶钠注射液、复方磺胺甲噁唑钠注射液（复方新诺明针）、复方磺胺对甲氧嘧啶钠注射液、复方磺胺邻二甲氧嘧啶钠注射液。静脉或肌内注射一日量：驴驹 20～25 毫克/千克（按体重计）	抗菌作用与磺胺相似，单用易产生细菌耐药性，故少单用。本品内服或注射易吸收。主要用作抗菌增效剂，即按 1∶5 与磺胺类（SD、SM2、SMM、SQ）等或抗生素（青霉素、红霉素、庆大霉素、多黏菌素）及其他合成抗菌药（如氟哌酸、硫酸黄连素）合成或制成复方增效剂，在临床应用于细菌感染。①TMP 有致幼驹畸形（致畸）作用。怀孕初期孕驴不宜使用。②其复方注射液系曾用 55％丙二醇作溶剂（pH 9.5～10.0），刺激性较强，应深部肌内注射；静脉注射时需生理盐水或葡萄糖盐水稀释后缓慢注射。③市场上已有 TMP 可溶性粉供用

附表2 常用驱虫、杀虫药

药物名称	规格	参考用量及用法	主要用途及注意事项
伊维菌素	50毫升/瓶，200毫升/瓶	皮下注射0.2毫升/千克（按体重计）	用于驱除体内线虫、体外寄生虫
阿福丁	5～100毫升/瓶	颈部皮下注射，每10千克体重0.2毫升	用于驱除体内线虫、体外寄生虫
丙硫苯咪唑	片剂，200毫克/片	口服10～15毫克/千克（按体重计）	为广谱、高效、低毒的驱虫药，对动物线虫、吸虫、绦虫均有驱除作用。驴较敏感，切忌连续应用大剂量。妊娠45天内禁用。长期连续应用，易产生耐药虫株。屠宰前，应停药14天
萘磺苯酰脲（那加宁、那加诺）	萘磺苯酰脲钠盐，为白色或粉红色粉末	临用前，以注射用水或生理盐水溶解后注射。静脉注射一次量：驴10～15毫克/千克(按体重计)，心、肾、肺、肝有病患畜禁用	抗马伊氏锥虫和马媾疫锥虫药。注意：驴对本品较敏感，特别是严重感染的病驴注射后会出现荨麻疹、水肿、跛行、体温升高等症状，反应严重的可用氯化钙治疗
三氮脒（贝尼尔，血虫净）	本品为黄色或橙色晶粉，溶于水	三氮脒粉针，肌内注射一次量：3～4毫克/千克（按体重计）。临用前配成5%～7%溶液注射	治疗家畜梨形虫、焦虫、鞭虫、附红细胞体、锥虫（伊氏锥虫、马媾疫锥虫）和无浆虫病。如剂量不足，虫体易产生耐药性。注意：本品安全范围小、毒性较大，谨慎使用。有时会出现不良反应。驴较敏感，忌用大剂量
敌百虫	本品为白色晶粉，有吸湿性。在水中溶解，乙醇中易溶	①精制敌百虫，内服一次量：驴30～50毫克/千克（按体重计），一次最大限量为20克/匹。②外用，0.1%水溶液喷刷躯体，用于杀灭虱、螨、蜱等外寄生虫	一种应用很广泛、疗效好而且价廉的广谱驱虫药和杀虫灭疥（疥螨）药。对驴副蛔虫有很好的驱除作用。为了保证驴安全，首先要准确的称量体重，按体重精确地计算用量。①敌百虫是动物体胆碱酶抑制剂，使用其治疗量常可因剂量或投药不当，或驴体反应不同而发生不同程度的副作用，甚至中毒现象。主要表现为流涎、腹痛、大小便失禁、缩瞳、呼吸困难、肌肉震颤乃至昏迷。轻反应时，症状能自行耐过消失；中毒较重时，可注射大剂量硫酸阿托品和碘磷啶（一般可不用）解救。②本品外用不能与肥皂合用，内服不能与碳酸氢钠或人工盐等碱性药物合用或先后投用，否则毒性增加
马拉硫磷	溶剂、粉剂	外用，0.5%水溶液喷刷躯体	用于灭杀虱、螨、蜱等体外寄生虫

附表3　常用消毒药及适用范围

种类	药物名称	性　状	浓　度	使用范围
酚类	石炭酸	无色针状结晶或白色结块有臭味，溶于水、酒精等	结晶体	石炭酸为原浆毒，可使蛋白质变性，灭杀细菌体、真菌。2%～5%水溶液消毒用具、器具、栏舍、车辆
	来苏儿	皂化液	1%～10%	1%～2%来苏儿用于皮肤消毒。5%～10%用于驴舍、用具
	臭药水	深棕黑色乳状液	3%～5%	污物消毒，用于驴舍、用具、污物消毒
	消毒灵	深红色黏稠液体有臭味，溶水	是酚(含41%～49%）和醋酸（含22%～26%）的混合体	可杀死细菌、霉菌、病毒和多种寄生虫。常用于饲养场栏舍用具以及污物的消毒
醇类	乙醇	透明液体	70%～75%	可使细菌脱水，蛋白质凝固变性，从而杀死病菌，常用于工作人员手臂，兽医室器具消毒
碱类	生石灰	白色块状或粉状物（碱性）	10%～20%石灰乳	石灰乳，粉状物可杀死多种病原菌。石灰乳用于墙壁、地面、粪池、污水沟等处消毒。石灰粉撒布消毒
卤素类	碘酊	液体	1%～2%	碘酊（碘2%、碘化钾1.5%、50%乙醇配制而成）用于手术部位、注射部位的消毒。1%碘甘油用于创伤部位、口炎黏膜等处涂擦
	漂白粉	白色颗粒状粉末，有臭味，溶水	有效氯为0.25%	漂白粉分解生成的次氯酸、活性氧（O)、活性氯（Cl）能破坏菌体、蛋白质氧化，抑制细菌各种酶的活性，从而灭杀细菌、病毒、真菌、原虫

（续）

种类	药物名称	性　状	浓　度	使用范围
表面活性剂	新洁尔灭	无色或淡黄色的胶状液体，有芳香味，溶水，稳定	5%	0.1%水溶液用于消毒手臂，兽医室器具
	消毒净	为白色结晶性粉末，无臭，味苦，稳定，溶水、乙醇		其消毒、杀菌作用略强于新洁尔灭
	度米芬，又称消毒宁	为白色或淡黄片剂或粉末，微苦，稳定，溶水、乙醇		其消毒、杀菌作用同新洁尔灭，毒性小
其他	百毒杀	广谱，速效	50%	对大肠杆菌、沙门氏菌、新城疫病毒灭杀作用好，按其产品说明书使用，效果好，安全
	龙胆紫（紫药水）	绿紫色有金属光泽的碎片和粉末	1%～2%（水和酒精溶液）	用于治疗皮肤创伤感染

附录二　农业部关于促进草食畜牧业加快发展的指导意见

农牧发〔2015〕7号

各省、自治区、直辖市及计划单列市畜牧兽医（农业、农牧）局（厅、委、办），新疆生产建设兵团畜牧兽医局：

草食畜牧业是现代畜牧业和现代农业的重要组成部分。近年来，在市场拉动和政策驱动下，我国草食畜牧业呈现出加快发展的良好势头，综合生产能力持续提升，标准化规模养殖稳步推进，有效保障了牛羊肉、乳制品等草食畜产品市场供给。但是，草食畜牧业生产基础比较薄弱，发展方式相对落后，资源环境约束不断加剧，产业发展面临诸多制约和挑战。为适应农业“转方式、调结构”的需要，促进草食畜牧业持续健康发展，现提出以下意见。

一、充分认识发展草食畜牧业的重要意义

（一）发展草食畜牧业是推进农业结构调整的必然要求。发展草食畜牧业是优化农业结构的重要着力点，既有利于促进粮经饲三元种植结构协调发展，形成粮草兼顾、农牧结合、循环发展的新型种养结构，又能解决地力持续下降和草食畜禽养殖饲草料资源不足的问题，促进种植业和养殖业有效配套衔接，延长产业链，提升产业素质，提高综合效益。

（二）发展草食畜牧业是适应消费结构升级的战略选择。草食畜产品是重要的“菜篮子”产品，牛羊肉更是国内穆斯林群众的生

活必需品。随着人口增长、城镇化进程加快、城乡居民畜产品消费结构升级，草食畜产品消费需求仍将保持较快增长。缓解草食畜产品供需矛盾，必须大力发展草食畜牧业。

（三）发展草食畜牧业是实现资源综合利用和农牧业可持续发展的客观需要。发展草食畜牧业，不仅有助于充分利用我国丰富的农作物秸秆资源和其他农副产品，减少资源浪费和环境污染，而且是实现草原生态保护、牧业生产发展、牧民生活改善的有效途径。

二、总体要求

（四）指导思想

全面贯彻落实党中央、国务院加快农业“转方式、调结构”的决策部署，以肉牛、肉羊、奶牛为重点，兼顾其他特色草食畜禽，以转变发展方式为主线，以提高产业效益和素质为核心，坚持种养结合，优化区域布局，加大政策扶持，强化科技人才支撑，推动草食畜牧业可持续集约发展，不断提高草食畜牧业综合生产能力和市场竞争能力，切实保障畜产品市场有效供给。

（五）基本原则

——坚持因地制宜，分区施策。遵循产业发展规律，结合农区、牧区、半农半牧区和垦区的特点，统筹考虑资源、环境、消费等因素，科学确定主导品种、空间布局和养殖规模，大力发展适度规模标准化养殖，探索各具特色的草食畜牧业可持续发展模式。

——坚持农牧结合，良性循环。实施国家粮食安全战略，在抓好粮食安全保障能力建设的基础上，合理调整种植结构，优化土地资源配置，发展青贮饲料作物和优质牧草，培肥地力，增草增畜，促进种养业协调发展。

——坚持市场主导，政策助力。发挥市场在资源配置中的决定性作用，激发各类市场主体发展活力。加大良种繁育体系建设、适度规模标准化养殖、基础母畜扩群、农牧结合模式创新等关键环节的政策扶持，更好发挥政府引导作用。

——坚持机制创新，示范引领。完善草食畜牧业各环节利益联结机制，建立合作互助、风险共担、利益共赢的长效发展机制。加大对养殖大县和优势产业集聚区、加工企业的支持力度，形成龙头企业带动、养殖基地支撑、全产业链发展的良性机制，更好发挥产业集聚效应。

——坚持国内为主，进口补充。落实地方政府保障草食畜产品供应的责任，牛羊肉应立足国内，确保牧区基本自给和全国市场有效供给；奶类应稳定奶源供给，适当进口，满足市场多元化需求。

（六）主要目标

到2020年，草食畜牧业综合生产能力进一步增强，牛羊肉总产量达到1 300万吨以上，奶类总产量达到4 100万吨以上；生产方式加快转变，多种形式的新型经营主体加快发展，肉牛年出栏50头以上、肉羊年出栏100只以上规模养殖比重达到45%以上，奶牛年存栏100头以上规模养殖比重达到60%以上；饲草料供应体系和抗灾保畜体系基本建立，秸秆饲用量达到2.4亿吨以上，青贮玉米收获面积达到3 500万亩以上，保留种草面积达到3.5亿亩，其中苜蓿等优质牧草面积达到60%以上。

三、优化种养结构

（七）完善农牧结合的养殖模式。贯彻《全国牛羊肉生产发展规划（2013—2020年）》，以优势区域为重点，形成资源高效利用、生产成本可控的养殖模式。在草原牧区坚持生态优先，推行草畜平衡制度，发展人工种草，建设标准化暖棚，推行半舍饲养殖；在农牧交错带实施草原改良、退耕还草、草田轮作，建立“牧繁农育”和“户繁企育”为主的养殖模式；在传统农区优化调整农业结构，发展青贮玉米和优质饲草种植，建立“自繁自育”为主的养殖模式，提升标准化规模养殖水平；在南方草山草坡地区，推进天然草地改良，利用冬闲田种草，发展地方特色养殖。实施牛羊养殖大县奖励补助政策，调动地方发展草食畜产品生产积极性，建成一批养殖规模适度、生产水平高、综合竞争力强的养殖基地。

（八）建立资源高效利用的饲草料生产体系。推进良种良法配套，大力发展饲草料生产。支持青贮玉米、苜蓿、燕麦、甜高粱等优质饲草料种植，鼓励干旱半干旱区开展粮草轮作、退耕种草。继续实施振兴奶业苜蓿发展行动，保障苜蓿等优质饲草料供应。加大南方地区草山草坡开发利用力度，推行节水高效人工种草，推广冬闲田种草和草田轮作。加快青贮专用玉米品种培育推广，加强粮食和经济作物加工副产品等饲料化处理和利用，扩大饲料资源来源。在农区、牧区以及垦区和现代农业示范区、农村改革试验区，开展草牧业发展试验试点。在玉米、小麦种植优势带，开展秸秆高效利用示范，支持建设标准化青贮窖，推广青贮、黄贮和微贮等处理技术，提高秸秆饲料利用率。在东北黑土区等粮食主产区和雁北、陕北、甘肃等农牧交错带开展粮改饲草食畜牧业发展试点，建立资源综合利用的循环发展模式，促进农牧业协调发展。

（九）积极发展地方特色产业。加强市场规律和消费趋势研究，积极发展地方特色优势草食畜产品。实施差异化发展战略，加大市场开拓力度，降低价格大幅波动风险。加大地方品种资源保护支持力度，选择性能突出、适应性强、推广潜力大的品种持续开展本品种选育，提高地方品种生产性能。支持地方优势特色资源开发利用，鼓励打造具有独特风味的高端牛羊肉和乳制品品牌。积极发展兔、鹅、绒毛用羊、马、驴等优势特色畜禽生产，加强品种繁育、规模养殖和产品加工先进技术研发、集成和推广，提升产业化发展水平，增强产业竞争力。

四、推进发展方式转变

（十）大力发展标准化规模养殖。扩大肉牛肉羊标准化规模养殖项目实施范围，支持适度规模养殖场改造升级，逐步推进标准化规模养殖。加大对中小规模奶牛标准化规模养殖场改造升级，促进小区向牧场转变。扩大肉牛基础母牛扩群增量项目实施范围，发展农户适度规模母牛养殖，支持龙头企业提高母牛养殖比重，积极推进奶公犊育肥，逐步突破母畜养殖的瓶颈制约，稳固肉牛产业基础。鼓励和支持企业收购、自建养殖场，养殖企业自建加工生产线，增强市场竞争能力和抗风险能力。继续深入开展标准化示范创建活动，完善技术标准和规范，推广具有一定经济效益的养殖模式，提高标准化养殖整体水平。研发肉牛肉羊舍饲养殖先进实用技术和工艺，加强配套集成，形成区域主导技术模式，推动牛羊由散养向适度规模转变。

（十一）加快草食家畜种业建设。深入实施全国肉牛、肉羊遗传改良计划，优化草食种畜禽布局，以核心育种场为载体，支持开展品种登记、生产性能测定、遗传评估等基础工作，加快优良品种培育进程，提升自主供种能力。加强奶牛遗传改良工作，补贴优质胚胎引进，提升种公牛自主培育能力，建设一批高产奶牛核心群，逐步改变良种奶牛依靠进口的局面。健全良种繁育体系，加大畜禽良种工程项目支持力度，加强种公牛站、种畜场、生产性能测定中心建设，提高良种供应能力。继续实施畜牧良种补贴项目，推动育种场母畜补贴，有计划地组织开展杂交改良，提高商品牛羊肉用性能。

（十二）加快草种保育扩繁推一体化进程。加强野生牧草种质资源的收集保存，筛选培育一批优良牧草新品种。组织开展牧草品种区域试验，对新品种的适应性、稳定性、抗逆性等进行评定，完善牧草新品种评价测试体系。加强牧草种子繁育基地建设，扶持一批育种能力强、生产加工技术先进、技术服务到位的草种企业，着力建设一批专业化、标准化、集约化的优势牧草种子繁育推广基地，不断提升牧草良种覆盖率和自育草种市场占有率。加强草种质量安全监管，规范草种市场秩序，保障草种质量安全。

（十三）着力培育新型经营主体。支持专业大户、家庭牧场等建立农牧结合的养殖模式，合理确定养殖规模和数量，提高养殖水平和效益，促进农牧循环发展。鼓励养殖户成立专业合作组织，采取多种形式入股，形成利益共同体，提高组织化程度和市场议价能力。推动一二三产业深度融合发展。引导产业化龙头企业发展，整合优势资源，创新发展模式，发挥带动作用，推进精深加工，提高产品附加值。完善企业与农户的利益联结机制，通过订单生产、合同养殖、品牌运营、统一销售等方式延伸产业链条，实现生产与市场的有效对接，推进全产业链发展。鼓励电商等新型业态与草食畜产品实体流通相结合，构建新型经营体系。

（十四）提高物质装备水平。加大对饲草料加工、畜牧饲养、废弃物处理、畜产品采集初加工等草畜产业农机具的补贴力度。研发推广适合专业大户和家庭牧场使用的标准化设施养殖工程技术与配套装备，降低劳动强度，提高养殖效益。积极开展畜牧业机械化技术培训，支持开展相关农机社会化服务。重点推广天然草原改良复壮机械化、人工草场生态种植及精密播种机械化、高质饲料收获干燥及制备机械化等技术，提高饲草料质量和利用效率。在大型标准化规模养殖企业推广智能化环境调控、精准化饲喂、资源化粪污利用、无害化病死动物处理等技术，提高劳动生产率。

（十五）促进粪污资源化利用。综合考虑土地、水等环境承载能力，指导地方科学规划草食畜禽养殖结构和布局，大力发展生态养殖，推动建设资源节约、环境友好的新型草食畜牧业。贯彻落实《畜禽规模养殖污染防治条例》，加强草食畜禽养殖废弃物资源化利用的技术指导和服务，因地制宜、分畜种指导推广投资少、处理效果好、运行费用低的粪污处理与利用模式。实施农村沼气工程项目，支持大型畜禽养殖企业建设沼气工程和规模化生物天然气工程。继续实施畜禽粪污等农业农村废弃物综合利用项目，支持草食畜禽规模养殖场粪污处理利用设施建设。积极开展有机肥使用试验示范和宣传培训，大力推广有机肥还田利用。

五、提升支撑能力

（十六）强化金融保险支持。构建支持草食畜牧业发展的政策框架体系，在积极发挥财政资金引导作用的基础上，探索采用信贷担保、贴息等方式引导和撬动金融资本支持草食畜牧业发展。适当加大畜禽标准化养殖项目资金，并逐步将直接补贴调整为贷款担保奖补和贴息，推动解决规模养殖场户贷款难题。积极争取金融机构的信贷支持，合理确定贷款利率，引导社会资本进入，为草食畜牧业发展注入强大活力。建立多元化投融资机制，创新信用担保方式，完善农户小额信贷和联保贷款等制度，支持适度扩大养殖规模，提高抵御市场风险的能力。继续实施奶牛政策性保险，探索建立肉牛肉羊保险制度，逐步扩大保险覆盖面，提高风险保障水平。

（十七）加强科技人才支撑服务。整合国家产业技术体系和科研院所力量，以安全高效养殖、良种繁育、饲草料种植等核心技术为重点，加强联合攻关和先进技术研发。加快培养草食畜牧业科技领军人才和创新团队，开展技能服务型和生产经营型农村实用人才培训。完善激励机制，鼓励科研教学人员深入生产一线从事技术推广服务，促进科技成果转化。加强基层畜牧草原推广体系和检验检测能力建设，发挥龙头企业和专业合作组织的辐射带动作用，推广人工授精、早期断奶、阶段育肥、疫病防控等先进实用技术，提高生产水平。加快精料补充料和开食料等牛羊专用饲料的研发，降低饲喂成本，提高饲料转化效率。加强对基层技术推广骨干和新型经营主体饲养管理技术的培训，提升科学养畜水平。

（十八）加大疫病防控力度。围绕实施国家中长期规划，切实加强口蹄疫等重大动物疫病防控，落实免疫、监测、检疫监管等各项关键措施。加强布鲁氏菌病、结核病、包虫病等主要人畜共患病防控。指导开展种牛、种羊场疫病监测净化工作。统筹做好奶牛乳房炎等常见病的防治，加强养殖场综合防疫管理，健全卫生防疫制度，强化环境消毒和病死畜禽无害化处理，不断提高生物安全水平，降低发病率和死亡率。加强肉牛肉羊屠宰管理，强化检疫监管。加强养殖用药监管，督促、指导养殖者规范用药，严格执行休药期等安全用药规定。

（十九）营造良好市场环境。加强生产监测和信息服务，及时发布产销信息，引导养殖场户适时调整生产规模，优化畜群结构。加强消费引导和品牌推介，支持开展无公害畜产品、绿色食品、有机畜产品和地理标志产品认证，打造草食畜产品优势品牌，提升优势产品的市场占有率。支持屠宰加工龙头企业建立稳定的养殖基地，加强冷链设施建设，开展网络营销，降低流通成本。鼓励地方建立原料奶定价机制和第三方检测体系，完善购销合同，探索种、养、加一体化发展路径。支持建设区域性活畜交易市场和畜产品专业市场，鼓励经纪人和各类营销组织参与畜产品流通，推动实现畜产品优质优价。支持行业协会发展，发挥其在行业自律、权益保障、市场开拓等方面的作用。

（二十）统筹利用两个市场两种资源。加强草食畜产品国际市场调研分析，在确保质量安全并满足国内检疫规定的前提下，逐步实现进口市场多元化，满足不同层次的消费需求。加强草食畜产品进口监测预警，研究制定草食畜产品国际贸易调控策略和预案，推动建立草食畜产品进口贸易损害补偿制度，维护国内生产者利益。支持企业到境外建设牛羊肉生产、加工基地和奶源基地，推动与周边重点国家合作建设无规定疫病区。

当前，我国草食畜牧业发展迎来了难得的历史机遇。各地要把思想和行动统一到中央关于农业发展“转方式、调结构”的要求上来，乘势而上，主动作为，创新发展机制，突破瓶颈制约，努力促进草食畜牧业持续健康发展。

农业部

2015年5月4日

主要参考文献

曹荔能，2014. 中草药在肉鸽无公害标准化养殖中的应用［J］. 大众科技，16（6）：162-163.

陈碧红，2006. 建立养猪安全生产体系，创造名牌猪产品——浅谈无公害猪肉生产发展之路［J］. 畜禽业（13）：32-34.

陈清华，2016. 加快推进农业品牌化建设［J］. 中国政协（9）：24-24.

关于发布《食品安全国家标准 食品添加剂 磷酸氢钙》（GB 1886.3—2016）等 243 项食品安全国家标准和 2 项标准修改单的公告.

国家卫生和计划生育委员会，国家食品药品监督管理总局，2016. 食品安全国家标准 熟肉制品（GB 2726—2016）［S］. 2016-12-23 发布，2017-06-23 实施.

国家卫生和计划生育委员会，2015. 食品安全国家标准 腌腊肉制品（GB 2730—2015）［S］. 2015-09-22 发布，2016-09-22 实施.

国家畜禽遗传资源委员会，2011. 中国畜禽遗传资源志・马驴驼志［M］. 北京：中国农业出版社.

国家质量监督检验检疫总局，中国国家标准化管理委员会，2006. 病害动物和病害动物产品生物安全处理规程（GB/T 16548—2006）［S］. 2006-09-04 发布，2006-12-01 实施.

国家质量监督检验检疫总局，中国国家标准化管理委员会，2006. 熏煮火腿（GB/T 20711—2006）［S］. 2006-12-11 发布，2007-06-01 实施.

国家质量监督检验检疫总局，中国国家标准化管理委员会，2009. 肉干（GB/T 23969—2009）［S］. 2009-06-12 发布，2009-12-01 实施.

国务院，2007. 关于促进畜牧业持续健康发展的意见［EB］. 国发〔2007〕4 号.

国务院，2015. 国务院关于积极推进“互联网＋”行动的指导意见［EB］. 国发〔2015〕40 号.2015-07-01 发布.

国务院办公厅，2017. 关于加快推进畜禽养殖废弃物资源化利用的意见. 国办发〔2017〕48 号，2017-06-12 发布.

侯文通，2002. 驴的养殖与肉用［M］. 北京：金盾出版社.

贾幼陵，2014. 动物福利概论［M］. 北京：中国农业出版社 .
潘兆年，2013. 肉驴养殖实用技术［M］. 北京：金盾出版社 .
田家良，2009. 马驴骡饲养管理［M］. 北京：金盾出版社 .
王燕，秦永康，2016. 中草药在肉鸽养殖中的应用［J］. 广东饲料，25（11）：45-46.
王占彬，2004. 肉用驴［M］. 北京：科学技术出版社 .
杨春莲，梁晶，2003. 浅谈无公害畜禽产品［J］. 黑龙江畜牧兽医（12）：63-63.
张居农，2008. 实用养驴大全［M］. 北京：中国农业出版社 .
张令进，2005. 驴育肥与产品加工技术［M］. 北京：中国农业出版社 .
张日俊，杨军香，2012. 健康养殖生物技术百问百答［M］. 北京：中国农业出版社 .
赵新萍，2013. 实行无公害标准化养殖是推动现代畜牧业发展的重要举措［J］. 畜牧兽医杂志（B04）：128-129
中国兽药典委员会，2017. 关于建议停止氨苯胂酸等 3 种药物饲料添加剂在食品动物上使用的公示［EB］. 药典办〔2017〕14 号 .
中华人民共和国环境保护部和国家质量监督检验检疫总局，2002. 环境空气质量标准（GB 3095—2012）［S］. 2012-02-29 发布，2016-01-01 实施 .
中华人民共和国农业部，2002. 动物性食品中兽药最高残留限量［EB］. 农业部 235 号公告 . 2002-12-24 发布 .
中华人民共和国农业部，2005. 兽药地方标准废止目录［EB］. 农业部公告第 560 号 . 2005-11-01 发布 .
中华人民共和国农业部，2006. 畜禽场环境质量及卫生控制规范（NY/T 1167—2006）［S］. 2006-07-10 发布，2006-10-01 日实施 .
中华人民共和国农业部，2008. 无公害食品 畜禽饮用水水质（NY 5027—2008）［S］. 2008-05-16 发布 . 2008-07-01 实施 .
中华人民共和国农业部，2009. 饲料添加剂安全使用规范［S］. 农业部公告第 1224 号 . 2009-06-18 发布 .
中华人民共和国农业部，2015. 农业部关于促进草食畜牧业加快发展的指导意见［EB］. 农牧发〔2015〕7 号 . 2015-6-11 发布
中华人民共和国农业部，2016. 硫酸黏菌素停止用于动物促生长［EB］. 农业部公告 第 2428 号 . 2016-07-26 发布 .
中华人民共和国商务部，2008. 中华人民共和国国内贸易行业标准熏煮香肠

(SB/T 10279—2008)［S］.
中央农业广播学校，1989. 家畜饲养学［M］. 北京：农业出版社.
朱文进，2015. 如何办个赚钱的肉驴家庭养殖场［M］. 北京：中国农业科学技术出版社.

图书在版编目（CIP）数据

目标养驴关键技术160问 / 陈顺增，张玉海，周晓艳主编．—北京：中国农业出版社，2019.10
（养殖致富攻略·疑难问题精解）
ISBN 978-7-109-25615-6

Ⅰ.①目… Ⅱ.①陈… ②张… ③周… Ⅲ.①驴—饲养管理—问题解答 Ⅳ.①S822-44

中国版本图书馆CIP数据核字（2019）第126360号

中国农业出版社出版
地址：北京市朝阳区麦子店街18号楼
邮编：100125
责任编辑：黄向阳 王森鹤
版式设计：王 晨 责任校对：刘飚雨
印刷：北京中兴印刷有限公司
版次：2019年10月第1版
印次：2019年10月北京第1次印刷
发行：新华书店北京发行所
开本：880mm×1230mm 1/32
印张：6.5 插页：2
字数：181千字
定价：36.00元

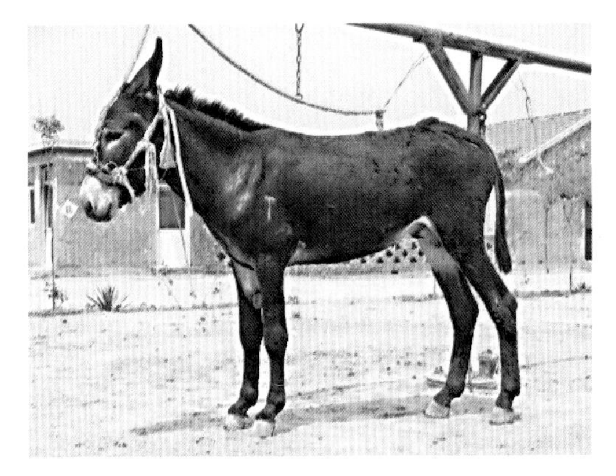

彩图1　德州驴（公驴）

公　驴　　　　母　驴

彩图2　关中驴

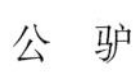

公　驴　　　　母　驴

彩图3　广灵驴

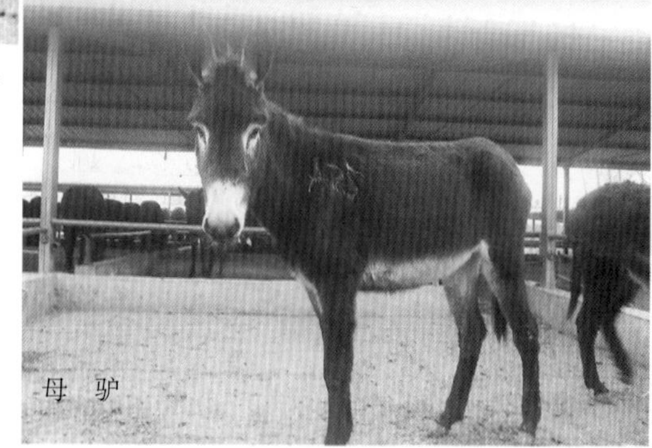

彩图4　晋南驴

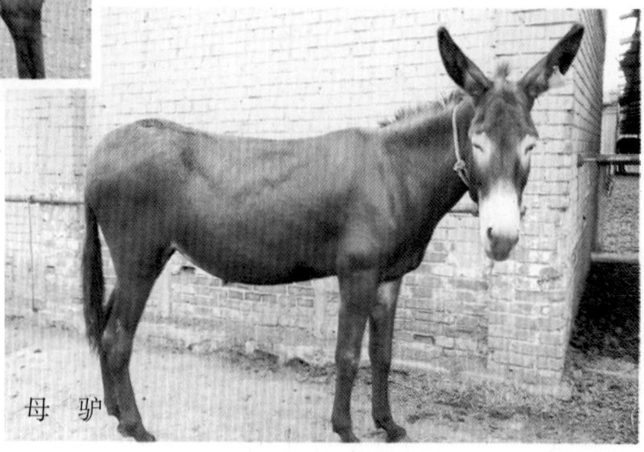

彩图5　宁河驴

彩图7　封闭式圈舍

彩图8　半开放式圈舍

彩图9　开放式圈舍

天津农垦龙天畜牧养殖有限公司驴养殖场

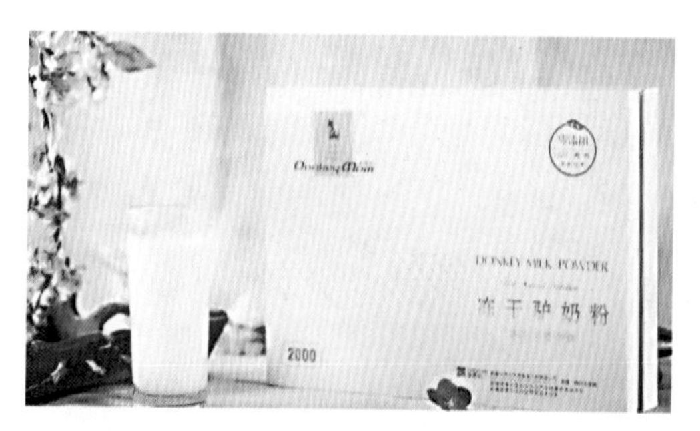

新疆玉昆仑天然食品工程有限公司生产的冻干驴奶粉

内蒙古蒙东黑毛驴牧业科技有限公司驴养殖场

内蒙古草原御驴科技牧业有限公司

黑龙江省三头驴农业科技有限公司

贵州黔有驴生物科技股份有限公司